여자아이의 학습 능력을
길러주는 방법

여자아이의 학습 능력을
길러주는 방법

토미나가 유스케 지음 | 정세환 옮김

북스 위투스

여자아이의 학습 능력을 길러주는 방법이 있다

나는 도쿄 기치조지(吉祥寺)에 본부를 둔 입시지도 '진학학원 (VAMOS)'에서 아이들을 직접 지도하고 있다. 우리 학원은 명문 학교 합격률이 높을 뿐만 아니라 학생들이 사회에 진출한 후 주도적으로 살아가도록 하는 교육에도 힘쓰고 있다.

현재 기치조지 외에도 요쓰야(四谷), 하마다야마(浜田山) 등으로 규모를 넓히고 있지만 아동과 학생을 다 합해도 150여 명인 여전히 작은 보습학원일 뿐이다. 대형 학원은 아니지만 우리만의 독특한 지도 방식 덕분에 딸들을 키우는 아빠들의 큰 호응을 얻고 있다. 나의 학습 방법은 감각에 의존하지 않고 논리성을 중시하므로 여자아이를 어떻게 교육해야 할지 모르겠다며 고민하는 아빠들에게 명확한 답을 제시해주는 것이 큰 매력이다.

우리 학원에는 유치원생부터 재수생에 이르기까지 다양한 연령의 아이들이 다니고 있다. 초등학교 여학생의 경우, 매년 오인, 후타바, 도시마 가오카 여자학원, 시부야 마쿠하리와 같은 명문 중학교에 수많은 합격자를 배출하고 있다. 수도권 학원 중 최고 성적을 자랑한다. 많은 사람은 소규모 학원인 우리 학원이 이처럼 우수한 성적을 거두는 비결을 철저한 선발 과정을 거쳐 처음부터 우수한 아이들을 등록시키기 때문이라고 말한다. 하지만 소문과 달리 입학선발 시험은 전혀 치르지 않고 선착순 접수를 받고 있다. 선발 시험을 치르지 않고 등록시키는 것은 아이의 능력은 단 한 번의 레벨 테스트로 측정할 수 없다는 지론 때문이다.

특히 중학교 입학시험을 목적으로 등록하는 대부분의 학생은 초등학교 4학년 미만인데 이렇게 어린아이가 단 한 번만의 테스트로 자신이 가진 능력을 모두 발휘할 수는 없다고 생각한다.

압도적인 학습 능력 향상을 뒷받침하는 논리적 학습법

나는 어떤 아이든 반드시 성장한다고 확신한다. 학습 능력 성장률로는 어느 학원에도 지지 않을 자신이 있다. 이것은 단순히 실적 이야기가 아니라 결과가 확실한 학습법을 적용한다는 뜻이다.

자세한 내용은 본문에서 소개하겠지만 학습 능력을 길러주는 학습법에는 명확한 논리성이 있다고 나는 생각한다. 많은 사람이 학습 능력을 센스나 재능의 산물로 여기는데 실제로 센스가 필요한 것은 극소수 천재들끼리 경쟁할 때뿐이다. 평범한 아이들은 애당초 센스가 필요 없으며 노력은 중요하지만 아무리 긴 시간 동안 공부해도 제대로 노력하지 않으면 원하는 결과가 따라오지 않는다는 사실은 사회인이 되어 일할 때도 느낄 수 있다. 이 책에서는 학습 능력을 길러주는 메커니즘, 공부할 때 이해하는 원리를 가시화하면서 어떤 아이든 학습 능력을 기르는 개념과 방법을 소개한다.

- 자녀가 공부는 하는데 도무지 성적이 안 올라 걱정인 부모님
- 자녀가 중학교 입학시험을 염두에 두고 있는데 좀 더 효과적인 공부법을 알고 싶은 부모님
- 진학 대비 시험공부는 반대지만 자녀의 미래에 도움이 될 수 있도록 학습 능력을 길러주길 바라는 부모님
- 자녀 스스로 자기주도학습을 하길 바라는 부모님
- 자유방임주의로 자녀를 키웠더니 공부를 전혀 안 해 고민인 부모님
- 자녀 공부에 대한 부부간 의견차가 심한 부모님

이 책은 이런 부모들에게 꼭 맞는 내용으로 채워져 있다. 많은 부

모가 자녀의 학습 능력을 길러주기 위해 문제를 푸는 마법과 같은 노하우나 뛰어난 센스 사고법을 기대할지도 모른다. 하지만 이 세상에 그런 것은 없다. 학습 능력이 향상되는 과정을 분석해 보면 기초가 되는 지식의 점(点)을 늘리고 이 점들을 효과적으로 연결해 선(線)을 만들어 나간다는 것을 알 수 있다. 즉, '연결하다'는 '이해하다'라는 뜻이다.

수학에는 문제를 푸는 데 토대가 되는 구구단이 있는데 실제로 다른 과목들에도 구구단과 같은 기초들이 있다. 학습 능력이 향상되는 구조란 반복 연습해 기초를 배우고 기초와 기초를 제대로 연결하는 작업이라는 사실에서 보면 센스가 아닌 논리다.

내 아이의 레벨에 맞춘 철저한 단계 학습

우리 학원에서는 논리적이고 결과가 확실한 학습법을 도입한 한편, 아이들 각자의 개성에 맞추어 다양하고 유연하게 대처한다. 구체적으로 우선 철저한 단계 학습을 실시하고 있다. 본문에서 자세히 설명하겠지만 원래 학습은 스포츠와 마찬가지로 축적된 연습이 필요하다. A · B · C · D · E처럼 점점 어려워지는 내용을 공부한다고 가정하면 B를 이해하지 않은 채 C 이후를 이해할 수는 없다. 필요하다면 맨 첫 단계인 A로 되돌아가 다시 배우는 방법이 결국 전부를 이해할 수 있는 열쇠다.

특히 여자아이들이 어려워하는 수학이나 이과 과목에서 이 작업이 필수적인데 "다른 아이들보다 뒤처지면 안 돼.", "조금이라도 높은 단계로 올라가야 해."라며 단계를 뛰어넘으려는 부모들이 많다. 나는 절대로 단계 뛰어넘기를 허용하지 않는다. 여자아이가 이해하는 현재 위치를 파악해 단계를 확실히 밟아 나가도록 만든다. 두루뭉술 대충 넘어가지 않고 논리적인 방법을 사용한다.

남녀의 서로 다른 뇌 발달 수준에 맞추어 효과를 높인 학습법

이 책의 제목처럼 나는 성별 차이에 초점을 맞추어 아이들을 성장시킨다. 젠더 프리 시대인데 성별에 차이를 둔다면 "혹시 성차별주의자 아냐?"라고 경계할지도 모르겠지만 절대로 그렇지 않다. 나는 남학생과 여학생 모두 각자 가진 가능성을 최대한 살려 자유롭고 왕성하게 사고하는 인재가 되길 희망한다. 그리고 그렇게 만들기 위해 지금까지의 경험들을 토대로 생각해 보면 성별 차이에 초점을 맞추고 학습법을 다르게 적용해 큰 효과를 올린다는 사실을 깨달았다.

물론 경험론만으로 판단하는 것은 아니다. 어릴 때부터 여학생은 좌뇌와 우뇌가 균형적으로 성장하는 반면, 남학생은 우뇌부터 발달하고 좌뇌는 뒤늦게 발달한다고 뇌 과학 연구는 주장하고 있다.

언어 능력을 담당하는 좌뇌가 일찍 발달하는 여자아이가 국어 성적은 우수하지만 공간 인식 능력을 담당하는 우뇌를 남자아이만큼 사용할 수 없어 수학을 어렵게 느끼는 현상은 당연하다.

성인이 되면 남성이나 여성이나 자신 없는 분야는 보완해가면서 살아가지만 한창 뇌가 성장 중인 아이들에게는 그 영향이 크게 나타난다. 이것을 무시하고 같은 방법으로만 가르치려고 하면 아이들에게 지나친 부담을 줄 뿐만 아니라 학습효과도 반감된다. 물론 뇌 과학적으로나 성격상 여자 같은 남자아이도 있고 남자 같은 여자아이도 있다. 실제로 성인이 된 후에도 남성의 약 15%가 여성의 뇌를 갖고 있고 여성의 약 10%가 남성의 뇌를 갖고 있다고 한다.

분명히 아이들도 성인과 같은 경향을 보일 것이다. 그러므로 남자아이의 부모님이 이 책을 읽는 것과 여자아이의 부모님이 자매 편인 《남자아이의 학습 능력을 길러주는 방법》을 읽는 것도 모두 환영한다. 내가 여러분께 말하고자 하는 요점은 아이의 기질에 맞춘 학습을 선택해야 한다는 것이다.

사회 진출 후에도 스스로 인생을 개척해 나가는 힘을 길러준다

나는 아버지 직장 때문에 유·소년기 10년 동안 스페인 마드리드에서 생활했다. 스페인 사람들의 생활은 그야말로 축구를 중심으로 돌아간다고 해도 과언이 아니다. 우리 집 옆에도 축구장이 있어서 나도 축구에 흠뻑 빠진 채 어린 시절을 보냈다. 이런 내가 스페인에서 일본으로 귀국했던 중학생 시절 맨 처음 느낀 점은 일본 교육제도의 우수성이었다. 아이들도 예의 바르고 대부분의 일본인이 읽고 쓰기를 할 수 있지만 스페인에서 이것은 당연한 일이 아니었다.

다만, 일본인의 성향을 봤을 때 자주 자신을 비하하거나 스스로 판단을 내리지 않는 성격, 주체적으로 생각하려고 하지 않는 면 등은 안타깝다. 지난 십수 년 동안 일본에서는 유아교육의 중요성이 주목받으며 많은 아이들이 어릴 때부터 보습학원에 다녔지만 대부분의 학원이 입시 합격 테크닉만 전수할 뿐 사회 진출 후 통용되는 능력은 가르쳐주려고 하지 않았다.

예를 들어, 학원의 공통 커리큘럼이 정해지면 그 과정을 아이들이 필사적으로 따라올 것을 요구한다. 모든 아이에게 꼭 맞다고 할 수 있는 커리큘럼이 아니므로 이때부터 뒤처지는 아이가 당연히 생긴다. 공통 커리큘럼은 학원에서 준비하는 포맷이기 때문에 심하다고 생각될지도 모르겠지만 학원은 아이들이 로봇처럼 정해진 포맷대로 따라와 주길 바란다. 하지만 이런 식이라면 시험에만 강하고 아무 능력도 없는, 입시만 잘 치르는 학생이 되어버리고 만다. 대부분의 부모들은 자녀가 스스로 생각하고 자신만의 인생을 개척해 나가는 사람으로 성장하길 기도한다. 지시가 내려지기를 기다리지 않고 주체적으로 생각하고 행동할 수 있는 사람으로 성장하길 바라는 것이다.

우리 학원의 학습법은 아이의 레벨에 맞추어 커리큘럼을 짜고 아이 스스로 암기법을 선택하게 하며 20% 자습시간 동안 할 것을 직접 결정하게 한다. 즉 공부하면서 자주성과 사고력, 결단력을 기를 수 있도록 항상 의식하게 하는 것이다.

달리 표현하면 프로축구 선수 육성법은 기본적으로 학원 수험생 육성법과 똑같으므로 스포츠와 공부는 공통점이 매우 많다. 트레이닝 메뉴를 결정하고 기술을 습득하며 경기 중 움직임을 이해하는 작업은 공부할 때 문제를 파악하고 풀어나가는 과정을 이해하는 메커니즘과 똑같다. 한 가지 패턴의 암기 학습만으로는 복잡한 상황에 직면했을 때 대응할 수 없으므로 복잡한 경기 운영을 이해하고 실천할 수 있는 능력이 필요하다. 정확한 킥이나 볼 트래핑 같은 기초 능력은 이것을 위해서다.

머리의 좋고 나쁨에 좌우되지 않는, 평생 내 것이 되는 학습 습관

우리 학원은 아이 한 명 한 명을 그들의 가족과 함께 양육한다. 이 과정에서 나는 아이들을 주저없이 혼낸다. 여자아이도 예외가 아니다. 다만, 여자아이를 혼낼 때는 그들에 맞는 방법을 선택한다.

나는 단순히 명문 학교에 합격하는 스킬을 전수해 주는 것이 최종 목표라고 생각하지 않는다. 가장 중요한 것은 할 수 없었던 일을 자신이 공부하고 노력해 이루어낸 경험이다. 경험을 쌓는 것이 아이의 생존 능력이 된다는 사실은 남자아이나 여자아이나 다르지 않다.

우리 학원에는 무사히 중학교 입시를 마치고 학원을 졸업했지만 다시 되돌아오는 아이들도 많다. 이것을 지켜보면서 나는 우리 학원이 단순히 학습 방법을 배우는 곳일 뿐만 아니라 인간으로서도 성장할 수 있는 장이 되었다고 자부하게 되었다. 또한 학습 습관을 몸에 익힌 아이들을 보는 것이 무엇보다 기쁘다. 학습 습관은 평생의 힘이라고 할 수 있다. 유·소년기부터 공부하는 습관을 몸에 익히면 대학 시험뿐만 아니라 회사 업무를 배울 때도 힘들지 않다.

인생 100세 시대인 오늘날, 퇴직 후 다른 직업을 모색할 때 좀 더 유연하게 전환하게 해주는 힘이 바로 학습 습관이다. 학습 습관은 절대로 하루아침에 이루어지지 않는 만큼 앞으로 인생에서 얻을 수 있는 최대 자산이다. 스스로 배우고 성장하는 습관은 선천적으로 좋은 머리를 타고났는지 나쁜 머리를 타고났는지에 좌우되지 않으므로 사회에서 당당히 살아가게 해주는 힘이 될 것이다.

여자아이의 학습 능력을 길러주기 위해 부모가 할 수 있는 모든 것

이 책은 먼저 개념정리에서 학습 능력을 길러주는 기본 개념을 정리했다. 제1장에서는 여자아이의 본능적인 7가지 특징, 제2장에서는 이 특징을 활용해 학습 능력을 높이는 5가지 절대 원칙을 해설한다. 제3장에서는 생각하는 힘을 기르는 14가지 요령, 제4장에서는 목표·계획 수립 기술을 소개한다. 제5장에서는 구체적으로 국어, 수학, 과학, 사회 4개 필수과목의 성적을 효과적으로 끌어올리는 공부법을 자세히 살펴보고 제6장에서는 여자아이가 자기주도학습을 위한 습관 들이기, 마지막 제7장에서는 성적을 올려주는 부모의 습관 기술을 정리했다.

이 책은 어디까지나 학습 능력을 기르기 위한 입문서이지만 여자아이의 학습 능력을 길러주는 데 필요한 모든 내용을 한 권에 총망라했다. 부디 실천해볼 수 있는 부분부터 도전해주길 바란다. 부모의 생각 이상으로 자녀에게는 잠재력이 있다. 여자아이는 뇌가 균형적으로 발달한 만큼 성실한 성격을 타고나 규칙을 잘 지키고 형식 파괴적인 발상을 하는 데 서툴지만 어떤 결과가 나오더라도 여자아이가 실패를 두려워하지 않고 Trial&Error(시행착오)를 할 수 있다면 부모가 놀랄 만큼 크게 성장한다. 게다가 주변과 조화를 이루는 능력도 뛰어나므로 사회 진출 후에도 최강의 존재가 될 수 있다.

여자아이에게는 남자아이와 다른 재미있는 점이 많다. 이 책이 여자아이들의 능력을 끌어내는 데 일조할 수 있다면 저자에게 더 큰 기쁨은 없을 것이다.

⟨제2장⟩
여자아이의 학습 능력을 길러주는 5가지 절대 원칙

⟨제3장⟩
지식을 연결할 수 있는 14가지 사고 토대 다지기

〈제4장〉
숨은 의욕을 끄집어내는 여자아이의 목표 수립 기술

〈제5장〉
지금 당장 성적을 올려라!
수학, 국어, 과학, 사회 점수를 올려주는 26가지 포인트

[수학]

⟨제6장⟩
여자아이가 조급해하지 않는 15가지 공부 환경 만들기

〈제7장〉
성적이 오르는 여자아이 부모의 26가지 습관

[배움 자체를 좋아하게 만들어주는 습관]

You can do it

소질은 상관없다!
여자아이의 학습 능력을
확실히 높이는 방법

여자아이는 남자아이보다 손이 많이 가지 않는다. 그렇다고 스스로 잘하는 여자아이의 특성에 안심해 부모가 아무 신경을 안 쓰고 아이에게만 모두 맡겨버리면 언젠가는 벽에 부딪히고 만다.

여자아이는 부정적인 사고나 실패에 비교적 강한 공포를 느껴 원래 가진 능력을 최대한 발휘하지 못하는 경우가 많기 때문이다. 이번 장에서는 소질과 상관없이 여자아이의 뇌 발달에 맞추어 학습 능력을 길러주는 방법을 소개한다.

여자아이의 뇌는
남자아이와 다르다

　남성과 여성은 뇌 구조가 다르다. 다르다는 것일 뿐 선악을 나눌 수는 없다. 숫자를 배울 때 여성이 "1, 2, 3…" 소리내 읽는 것은 뇌 구조 때문이다. 남성은 공간 인식 능력을 담당하는 우뇌를 사용해 수를 세지만 여성은 우뇌뿐만 아니라 언어 능력을 담당하는 좌뇌도 사용하므로 언어로 표현하는 것이다.

　여성이 화려한 색상을 좋아하는 반면, 남성이 모노톤 색상을 좋아하는 것도 뇌 차이 때문이다. 색을 선별하는 망막 추상체 세포의 근본은 X염색체인데 X염색체가 하나뿐인 남성에 비해 2개인 여성은 색상을 상세히 인식하고 묘사할 수 있다.

　따라서 여자아이가 문구류를 고를 때 누가 가르쳐 주지 않아도 색이 다양하고 귀여운 디자인을 좋아하는 현상은 어쩌면 당연하다.

여성이 이런 특징을 보이는 것은 성격이 아니라 뇌 때문이다. 여자아이의 뇌는 좌뇌와 우뇌가 균형적으로 발달한다. 뇌량(腦梁)도 남자보다 굵어 좌뇌와 우뇌 간에 활발한 연락을 주고받는다. 성인 여성의 뇌에 가깝다고 볼 수 있다. 정신 수준은 성인에 가까운데 신체 조건은 아직 미숙하고 여러 경험도 부족하다. 이들이 바로 초등학생 여자아이다.

초등학교 여자아이들이 몸과 마음 모두 건강하게 자신의 가능성을 믿으며 학습하고 자립적인 인생을 개척하려면 부모의 정확한 판단에 따른 뒷받침이 필요하다. 여자아이가 공부가 어렵다고 느끼거나 더이상 의욕이 생기지 않는다며 자신감을 잃었을 때 이런 생각을 바꾸어 긍정적인 사고로 전환시켜주는 포인트는 남자아이와 완전히 다르다.

이처럼 부모가 남녀의 뇌 구조 차이를 알고 학습 지도를 시작하면 확실히 여자아이의 학습 능력이 크게 향상된다. 실제로 서양에서는 남녀의 능력을 더 신장시키기 위해 남녀별 학급의 학습 방법을 다르게 해 큰 효과를 올린 학교도 있다. 영국의 한 고등학교에서 이 방법을 사용하자 여학생들의 수학 성적이 2배나 올랐다고 한다.

여자아이 학습의
가장 중요한 포인트

우리 학원이 레벨 테스트를 치르지 않는 것은 한두 번 테스트로 아이에 대해 완전히 알 수 없다고 생각하기 때문이다. 원래 아이들은 모두 연마만 해주면 빛나는 원석들이다. 그래서 우리는 굳이 원하는 아이를 선택하지 않아도 우리에게 찾아온 순서대로 원석을 연마하기만 하면 된다고 생각한다.

물론 레벨 테스트를 치르지 않는 만큼 아이를 포함한 가족과의 면담을 매우 중시한다. 특히 여자아이의 경우, 가정이 매우 중요한데 부모님과 필자 사이의 연계가 원활히 이루어지지 않으면 아이의 능력을 마음껏 펼칠 수 없는 안타까운 경우가 발생하곤 한다.

초등학교 여학생은 모든 면에서 남학생보다 수준이 높은 어른이다. 즉 사회성이 있다고 할 수 있다. 여자아이는 자신이 품은 꿈이나 목표도 사회와 공유하며 실현하려는 성향이 있다. 나만 좋으면 만사 OK라고 생각하는 남자아이와 다르다. 또한 이 사회의 최소 단위는 가정이다. 초등학교 여학생이 가정을 무조건 신뢰하고 자신을 응원해주는 존재로 느끼는 것이 매우 중요하다.

원래 여자아이는 성실하고 능력이 높아 가르치고 양육하는 보람이 큰 존재이지만 여자아이 특유의 부정적 사고와 실패에 대한 공포심 때문에 능력을 온전히 발휘하지 못하는 경우가 있다. 이와 같은 마이너스 상태에서 여자아이를 벗어나게 해주는 역할이 우리 어른들의 몫이다. 이것은 근성을 보여달라며 기합을 넣는다고 되는 것이 아니다. 신뢰할 수 있는 어른들이 아이 옆에서 얼마든지 안심하고 자신의 노력이 결실을 맺을 수 있는 환경을 만들어 주어야 한다. 그런 후 단계 학습을 통해 실력이 확실히 향상되고 있음을 실감하게 해주는 것이다.

[개념정리 3]

기초로 돌아가는 것을
두려워 말라

　　공부는 이해하기 위해 과정을 밟아 나가는 작업이다. 이해하기 위한 과정 밟기에 필요한 조건은 철저한 기초 습득과 단계 학습이다. 특히 여자아이는 기초 공부를 아무리 많이 해도 손해볼 것이 없다. 여자중학교 입시에서는 기초 학습 능력을 직접 물어보는 문제가 많이 출제되기 때문이다. 한 유명 여자중학교에서 출제한 문제를 풀려면 전국 16개 시·도 명칭과 세계지도상 위치, 도청 소재지와 특산품 등을 모두 암기해야 한다. 중학교 입시가 목표라면 이런 암기 문제를 풀기 위해 한 번은 꼭 암기 과정을 거쳐야 한다. 외운 내용을 제대로 기억하기만 하면 간단히 풀 수 있지만 그렇지 않다면 손도 댈 수 없는 문제다.

　　이처럼 처음부터 모르면 아무리 머리를 쥐어짜도 정답을 맞출 수 없는 문제를 푸는 힘을 나는 절대적 기초 학습 능력이라고 부르며 가장 중시한다.

절대적 기초 학습 능력은 머리를 쓰지 않고 문제를 푸는 힘, 손으로 문제를 푸는 힘이라고 할 수 있다. 잘 알고 있듯이 가로세로 연산이나 매일 숙제가 주어지는 가정방문 학습지도 절대적 기초 학습 능력을 길러줄 수 있는 수단 중 하나다.

실제로 중학교 입시나 대입 시험에서 절대적 기초 학습 능력을 물어보는 문제는 반드시 출제된다. 초등학생이라면 구구단, 덧셈, 뺄셈, 영어 읽고 쓰기, 사회 과목의 암기 문제 등을 철저히 반복 학습하는 자세가 매우 중요하다. 하지만 절대적 기초 학습 능력의 중요성을 너무 당연시해 간과하는 경향이 있다. 중요한 것은 응용력이라거나 사고력이 핵심이라는 최근 풍조 때문에 과소평가되기도 한다.

기초없는 백날 공부는
허송세월

　도대체 응용력이란 무엇일까? 기초 학습을 반복한 아이들은 0.125가 1/8이고 0.375가 3/8이라는 사실을 감각적으로 알고 있다. 그래서 "0.375라는 소수는 375/1,000이니까…"라고 복잡하게 생각하지 않고 단숨에 3/8이라는 답을 도출한다. 이것도 응용력 중 하나일지도 모르겠다.

　우리는 영어 독해를 하면서 모르는 단어가 나왔을 때 문맥상 전후 흐름을 보고 대략적인 내용을 파악할 수 있다. 하지만 이것도 앞뒤 단어의 뜻을 알아야 가능하지 생소한 단어라면 절대로 이해할 수 없을 것이다. 우선 얼마나 많은 영어 단어의 뜻을 알고 있는가에서 성패가 결정된다. 결국 응용력은 기초 학습 능력의 연장선에 있다고 볼 수 있다.

기초 학습 능력이 있다고 모든 응용문제를 풀 수 있는 것은 아니지만 기초 학습 능력이 없다면 응용문제를 절대로 풀 수 없다.

응용력을 원한다면 무엇보다 기초 학습 능력을 철저히 쌓아 놓아야 한다. 이렇게 나무줄기가 굵어지면 그냥 지켜보기만 해도 굵어진 나무줄기에서 다양한 가지와 잎이 뻗어 나온다. 대표적인 예로 서울대 이과 진학이 목표인 여고생이라면 절대적 기초 학습 능력이 매우 높은데 이런 풍부한 지식을 바탕으로 다양한 사고를 할 수 있는 것이다. (편집인)

정신연령이 높은
여자아이를 위한 맞춤 공부법

여학생들은 신뢰하는 상대방의 충고에 귀를 기울이고 증명된 내용은 적극 수용하는 면이 있어 논리에 충실한 방법이라면 쉽게 받아들인다. 기초 학습 능력을 습득하려면 아이가 어디까지 이해하고 있는지 현재 위치를 파악하는 작업이 필요하다. 전혀 이해하지 못하고 있다면 그 부분을 제로 지점으로 정하고 거기부터 기초 학습 능력을 길러야 하기 때문이다.

중요한 사실은 제로 지점은 과목마다 다르다는 것이다. 아이가 전체 상위 30% 안에 들더라도 국어는 상위 10%, 이과 과목은 최하위권일 수 있다는 점을 충분히 고려해야 한다. 이 경우, 이과 과목은 이전 학년 범위더라도 확실히 아는 지점까지 되돌아가야 한다. 단, 남학생과 달리 자신을 객관적으로 바라볼 수 있는 여학생들은 자신의 과목별 수준을 알기 때문에 부족한 과목에 대한 콤플렉스가 있다. 그러므로 "이 과목은 뒤처져 있으니 좀 더 열심히 해라!"라는 조언은 오히려 마이너스로 작용한다.

예를 들어, 국어 80점, 수학 70점, 사회 70점, 과학 55점일 때 남학생에게는 과학에 더 신경쓰라고 꼭 집어 지도한다. 그렇게 하지 않으면 남학생은 잘하는 과목에만 더 열중해 과목 간 격차만 벌어질 수 있기 때문이다. 반면, 여학생들은 원래 착실해 전 과목 성적을 끌어올려야 한다고 생각하므로 잘하는 과목을 칭찬해주는 것이 효과적이다.

"국어를 80점이나 맞았네. 정말 잘했어." 이렇게 칭찬해주면 여학생들은 다른 과목도 80점까지 끌어올려 더 큰 칭찬을 받으려고 노력하기 마련이다.

인생 최초의 갈림길,
10살의 벽을 어떻게 극복할 것인가

초1 쇼크라는 말이 심심치 않게 통용되고 있다. 이제 막 초등학교에 입학한 아이들에게도 이미 학습 능력 차가 존재한다는 뜻이다. 과거의 유치원에서는 그저 노는 것이 전부였지만 지금은 다양한 학습을 시켜 초등학교 입학 단계에서 이미 곱셈까지 할 수 있는 유치원생도 있다. 이렇게 차이가 나는 것은 머리가 좋거나 나빠서가 아니라 훈련 양 차이 때문이다. 더 성장하면 초4 쇼크가 찾아오는데 10살의 벽으로 표현하기도 한다.

실제로 이 정도 나이부터 아이들의 학습 능력 차이에 가속도가 붙기 시작한다고 알려져 있다. 그러므로 10살 전후의 공부는 매우 큰 의미가 있다. 공립 초등학교 졸업 후 입시를 치르지 않고 공립 중학교에 입학하는 아이들은 중학교 입시를 보는 아이들과는 평소 배우는 공부 수준부터 다르다. 중학교 입시를 위해 공부할 때는 단지 알고 있는 지식이 많은 데 그치지 않고 알고 있는 지식을 한 번 더 생각해 답을 도출하는 작업이 추가되어야 한다. 초등학생도 이 과정을 반복한다. 하지만 공립 초등학교에서는 지식수준이 천차만별인 아이들을 교육하면서 누구도 뒤처지지 않게 가르쳐야 한다.

중학교 입시를 목표로 하는 아이들과 학교 수업을 중심으로 배우는 아이들 사이에 당연히 학습 능력 차가 벌어질 수밖에 없다. 하지만 사실 중학교 입시를 치르냐 아니냐는 중요한 문제가 아니다. 공립 초등학교의 수업 내용 수준에 머물게 할 것인지 아니면 왕성한 성장 시기에 적절한 단계 학습을 겸해 학습 능력을 비약적으로 도약시킬 것인지를 생각해야 한다.

어느 쪽이든 여러분의 자녀에게 지금은 매우 중요한 시기임에 틀림없다.

여자아이의 이과 성적은
왜 보통 정도면 되는가

　뇌의 특성상 여자아이는 일반적으로 남자아이보다 과학이나 수학을 어려워하는 경향이 있다. 부모 입장에서는 못하는 과목은 어떻게든 잘하게 되면 좋겠다고 생각하기 마련인데 그렇게 되면 잘하던 공부도 못 하게 될 수 있다.

　여자아이는 자신이 못하는 과목에 대한 의식이 강해 스스로 일단 꼬리표를 붙이면 거부감을 갖기 때문이다. 그래서 이과 과목은 스트레스를 받지 않을 만큼만 공부를 시키는데 가능한 한 보통 수준까지 성적을 끌어올리는 정도로도 충분하다.

　게다가 이과 과목은 많은 여학생이 어려워하기 때문에 잘하는 수준까지 갈 필요 없이 보통 수준만 되어도 중학교 입시에 대비할 수 있다.

잘하는 수준까지 끌어올리기는 힘들지만 보통 수준으로 만들기는 의외로 간단해 아이에게도 큰 부담이 없다. 남자아이는 70점을 받은 과목을 더 의식하고 30점을 받은 과목은 머릿속에서 지워버리지만 여자아이는 정반대다.

70점이라는 나쁘지 않은 점수를 받았더라도 30점에서 큰 충격을 받는다. 그러므로 가능하면 30점까지는 떨어지지 않는 것이 가장 좋지만 50점 정도만 되어도 만족할 수준이라는 사실을 깨닫게 해준다. 눈에 띌 만큼 못하는 과목이 없도록 어려운 과목은 보통 수준까지만 유지하고 국어 등 강점을 발휘할 수 있는 과목에 집중해 자신감을 갖게 하자.

실패를 피하는
여자아이들

여자아이는 좋든 싫든 자신의 현재 위치를 객관적으로 알고 있다. 또한 타인과의 관계도 중시하므로 현재 위치에서의 실패를 극도로 두려워한다. 현재 위치에서 실패한다면 다른 사람이 생각하는 자신의 존재 가치가 위태로워진다고 생각하기 때문이다. 중학교 입시를 볼 때 지망 학교 선정 과정에서도 이런 경향이 잘 나타난다. 남자아이의 경우, 실제 합격 커트라인보다 두 단계 정도 높은 학교를 아무렇지도 않게 목표로 잡는다. 그들은 근거도 없이 합격한다고 생각하기 때문이다.

반대로 여자아이는 실패하지 않기 위해 두 단계 정도 낮추어 목표를 잡는다. 연료탱크를 예로 들어보겠다. 남자아이는 자신에게는 어울리지도 않는 큰 연료탱크를 갖고 싶어 한다. 그러면서 탱크를 가득 채울 수 있다고 믿는 단순함이 있다.

하지만 사실 남자아이들의 탱크 속은 텅텅 비어 있다. 단, 탱크가 큰 만큼 최선을 다한다면 연료를 가득 채울 수 있다는 사실은 인정한다.

반면, 여자아이들은 자신을 객관적으로 바라볼 수 있어 처음부터 너무 큰 탱크를 가지려고 하지 않는다. 지금 자신이 봤을 때 이 정도 크기면 가득 채울 수 있을 것 같다고 판단된 탱크를 고른다. 그래서 대량의 연료를 손에 넣을 수 있는 상황이 되더라도 아예 갖고 가려고 하지 않는다. 어쩌면 더 큰 탱크를 갖고 싶었을지도 모르지만 다른 아이들이 자기 수준에 맞게(어디까지나 당시 판단이지만) 탱크를 선택하는 가운데 여자아이는 특성상 자기 혼자만 엄청나게 큰 탱크를 가져가지 않는다. 그렇다고 저 정도 탱크를 선택했으니 저 여자아이의 능력은 거기까지라고 단정지으면 안 된다.

어른들의 관여 방법에 따라 여자아이는 한계점에서 벗어날 수 있다.

여자아이에게는
학원 선택보다 가정생활이 더 중요하다

　남자아이의 경우, 생활방식 때문에 공부에 집중하지 못하는 경우가 많다. 교재 정리법을 몰라 매번 배부받는 프린트물을 여기저기 넣어둬 공부를 시작하려면 엉망진창 흩어진 자료를 정리하는 데 시간이 걸린다. 결과적으로 다른 아이들보다 뒤처진다.

　또는 의자에 끈기 있게 앉아 있지 못하거나 제대로 연필 쥐는 법을 모르는 등 유치원부터 다시 시작해야 하는지 생각이 들 만큼 기초적인 생활 규칙이 부족한 아이도 많다. 반면, 여자아이는 정리 면에서는 깔끔하다. 하지만 초등학생 때의 학습 능력은 머리가 좋거나 나쁜 문제보다 오히려 가정에서 어떻게 생활하는가가 큰 영향을 미친다.

　그래서 학원보다 가정이 중요하다. 나는 이것을 가정력이라고 부르며 매우 중시한다. 그렇다면 여자아이의 부모에게 바라는 가정력은 무엇일까? 그것은 자녀와의 신뢰관계를 확실히 구축해 항상 공감해 주는 마음으로 옆에서 힘이 되어 주고 지원하는 데 최선을 다하는 능력이라고 할 수 있다.

여자아이는 실력에 비해 자기 긍정감이 낮은 경향이 있다. 여자아이의 이런 경향을 무시하고 우선 활기부터 불어넣고 보자는 행동은 금물이다. 밀푀유(프랑스식 고급 디저트)처럼 조심스럽게 얇은 막을 여러 겹 쌓아 올리는 작업이 필요하다. 하지만 일단 자기 긍정감을 얻으면 남자아이가 변하는 모습과 차원이 다른 강력한 능력을 발휘한다.

우등생 여자아이라면 변화된 모습이 아니라 원래 모습을 되찾은 것이다. 성실하고 근성 있고 자기 긍정감까지 갖춘 최강의 여학생이 여러분의 회사나 거래처에도 있을지 모르겠다. 이런 무적의 여성도 초등학교 시절에는 여렸다는 사실을 잊지 않길 바란다.

여자아이만의
특별한 코스로 등반하라

　내가 처음부터 성별을 특별히 의식하고 가르친 것은 아니다. 초기에는 아이들은 다 똑같다고 생각했지만 아이들을 지도할수록 다르다는 생각이 들었고 남녀 차이에 주목해 방법을 달리하자 아이들이 성장한다는 사실을 깨달았다. 이 과정에서 발달심리학이나 뇌 과학 관련 문헌 등도 참고가 되었지만 아이들을 가르치는 현장에서 역시 남녀는 다르다며 무릎을 치는 경우가 많았다.

　현재 나는 성별 차이에 주목한 학습이야말로 여자아이의 가능성을 넓힌다고 확신한다. 물론 성별에 따라 삶의 방식을 바꿔야 한다고는 추호도 생각하지 않는다. 아직 남성중심 사회인 일본에서 여성이 좀 더 활약할 수 있는 활동의 장이 넓어지길 간절히 바라고 있어 초등학생부터 성별 차이(정확히 개인차)에 주목한 교육이 필요하다고 생각한다. 이것을 무시한다면 우수한 여학생이 능력을 발휘할 기회를 빼앗긴 채 방치될 수 있기 때문이다.

나는 평소 등반할 산은 하나지만 코스는 여러 개라고 말한다. 등산할 때 남자아이는 남자아이용 코스가 있고 여자아이는 여자아이용 코스가 있어 각자 쉽게 오를 수 있는 길을 선택하면 그만큼 정상에 도달할 확률이 높아진다.

초등학교 여학생들은 남학생보다 훨씬 성숙하지만 아직 부모세대와 같은 사회성은 없다. 우수한 성능의 운영체계만 탑재된 상태이고 애플리케이션이 다양하지 않다. 세상에는 각자 삶의 방식이 있고 정말 자신이 어떻게 살고 싶은지는 아직 파악하지 못했다. 그런 아이에게 더 넓은 시야로 사물을 보라거나 여자이기 때문에 누릴 행복도 있다고 말해 주어도 피부에 와 닿지 않을 것이다.

먼저 해야 할 일은 원하는 삶을 살 수 있도록 사양이 높은 인간으로 성장하는 것이다. 이것을 위한 첫 번째 방법으로 지금 눈앞에 놓인 중학교 입시라는 큰 과제를 완수해 보자.

학습 습관은
평생자산이 된다

우리 학원 아이들은 중학교 입시가 끝나면 먼저 압박감에서 벗어나 마음껏 기지개 펴지만 손에서 공부를 완전히 놓는 적이 없다. 지금까지 항상 5시간가량 공부해왔다면 시험 이후에는 3시간 동안 좋아하는 놀이를 하고 2시간 동안 공부를 계속한다. 즉 여학생 중에는 공부가 당연한 습관이 된 아이를 볼 수 있다.

어린아이가 중학교 시험을 보는 데 대해서는 여러분도 찬반이 나뉠 것이다. 그러나 이후 학교생활이나 사회 진출 후에도 지속되어야 하는 공부 습관의 중요성을 부정할 사람은 없을 것이다. 이렇게 몸에 밴 학습 습관은 평생 자산이 된다. 공부가 자연스러운 일이라고 생각하면 대학 입시나 취업 준비를 하면서 취득해야 하는 자격시험도 별로 힘들지 않다.

직장인 중에는 학습의 중요성을 실감하는 사람이 많다. 눈앞의 즐거움에 시간을 헛되이 보내지 않고 매일 꾸준히 배우는 습관을 몸에 익혔다면 이것이야말로 머리의 좋고 나쁨을 뛰어넘는 진짜 실력이라고 할 수 있다. 결코 하루아침에 완성될 수 없는 일이다.

학습 습관은 앞으로 인생 최고의 자산이 되어 사회를 당당히 개척해 나가는 데 필수 스킬이 될 것이다. 이 기술을 사용하는 사람은 바로 코앞의 입시 테크닉에만 의존하는 무능한 수험 엘리트와 전혀 다른 사람이다.

You can do it

제1장

보기보다 조숙한
작은 어른들의 7가지 특징

여자아이는 정신연령이 낮은 남자아이와 달리 어른과 동등한 대우를 받고 싶어한다. 자신이 처한 상황이나 느낌이나 기분을 주변 사람들이 알아주길 원하는 존재이므로 신뢰가 바탕이 된 부모-자녀관계와 친구관계를 구축하는 것이 무엇보다 중요하다. 여자아이의 이런 특징을 이해하고 강점으로 바꿀 수 있다면 학습 능력도 쑥쑥 향상될 것이다.

여자아이는
똑같은 어른의 입장에서 이해받고 싶어한다

부모는 자녀를 양육할 때 칭찬과 꾸중 2가지 요소를 중시한다. 남자아이는 칭찬과 꾸중만으로 충분히 컨트롤 할 수 있으며 그 비율만 적절히 조절하면 되지만 여자아이는 공감이라는 감정적 요소가 필요하다. 공감을 다른 2가지 요소보다 중시해도 좋을 정도다.

초등학교 여학생은 자신이 처한 상황을 주변 어른들로부터 이해받고 싶어한다. 그것도 같은 어른으로서 이해받고 싶어하는 욕구가 있다. 자신이 짊어진 고민, 느끼는 즐거움 같은 감정에 대해 서로 이야기 나누며 마음을 전달하고 상대방이 알아주길 원한다.

그러므로 부모는 여자아이의 이런 마음을 이해하고 항상 이야기에 공감해주는 환경을 만들어야 한다. 구체적으로 평소 고민을 털어놓을 수 있도록 신뢰가 깊이 뿌리내린 부모-자식 관계를 구축해야 한다.

이것이 필수 조건이다.

신뢰관계가 구축되지 않은 상태에서 칭찬하면 여자아이는 이미 어른이므로 듣기 좋은 소리라며 진의를 의심한다. 꾸중하면 "나에 대해 아무것도 모르면서 무조건 화만 낸다."라며 주눅 든다. 극단적으로 말해 칭찬이나 꾸중은 필요 없고 공감만 해주면 만사 OK다. 공감은 받아들이는 마음이다.

수학 시험에서 30점밖에 못 받은 아이가 풀이 죽어 있을 때는 칭찬하거나 꾸중하면 안 된다. 그런 행동은 공감해주는 사람이 아니라 필자처럼 다른 입장인 사람의 행동이기 때문이다.

공감자인 부모는 그 점수를 받아들이고 "많이 속상하지?", "이제 어떻게 할까?"라며 옆에서 함께 고민해주면 된다. 이때 기분을 풀어 주겠다고 장황한 이야기를 늘어놓으면 안 된다. 물리적으로 옆에 있는 것이 아니라 마음으로부터 옆에 있어 주는 모습이 중요하다. 남자아이에 비해 여자아이의 부모는 고도의 대응 능력이 필요하다고 말할 수 있다.

직설적으로 전달하고
있는 그대로 들어준다

　남자아이보다 어른스럽고 좌뇌가 발달한 여자아이는 언어 이해력이 뛰어나다. 따라서 여자아이들은 어른의 조언을 잘 받아들인다고 할 수 있다. 남자아이는 어떻게든 자기 힘으로 해내고 싶어하는 반면, 여자아이는 누군가와 함께 해결해 나가고 싶어하는 경향이 있어 어른의 조언에 귀를 잘 기울인다.

　단, 이때 윗사람이 아랫사람을 가르치는 듯한 조언이 아니라 반드시 공감하는 마음이 충분히 담긴 조언이어야 한다. 어색한 칭찬이나 꾸중은 신뢰를 잃어 역효과만 난다. 있는 그대로 직설적으로 이야기해주는 것이 좋다. 여자아이는 부모가 자신을 동등한 인간으로 대우해주면서 공감을 표시해주길 바라기 때문이다.

　그래서 자신에게 공감해준다고 느끼면 의외로 솔직히 어떤 말이든 쉽게 받아들인다. 공감자의 역할은 먼저 엄마가 중심이 되는 것이 좋다.

물론 아빠도 중요하지만 먼저 엄마가 첫 번째 이해자가 되고 이후 아빠와의 관계로 유도하는 방법을 사용하면 쉽게 접근할 수 있다. 딸은 대하기 어렵다며 필요 이상 피하며 엄마에게만 맡겨 놓거나 마음에도 없는 말을 하는 아빠들이 간혹 있는데 이것은 최악의 경우다. 여자아이는 순식간에 "우리 아빠는 나를 피해 도망만 다닌다"라고 인식한다. '도망간 아빠'라는 인상을 심어주면 생각을 바꾸기 매우 어렵다.

"직설적으로 이야기하면 상처받지 않을까?"라는 불안감이 있지만 그 불안감을 불식시키기 위해서라도 신뢰관계를 구축해야 한다.

절대로 여기서 도망치면 안 된다. 대화로 전달하기 어려운 말이 있다면 교환 일기를 이용해도 좋다. 이때도 무조건 진심을 담은 말에 초점을 맞춘다. 적당히 넘기지 말고 최대한 말로 표현해 진심을 전달한다. 귀찮은 일 같지만 부모님이 이렇게까지 자신에게 해준다고 느끼면 여자아이는 성공했을 때 그 기쁨을 부모와 함께 나눌 것이다.

합격 발표장에서 부모와 얼싸안고 기쁨의 눈물을 흘리는 모습은 여자아이에게서만 볼 수 있는 감성적인 광경이다. 남자아이는 "역시! 나는 능력 있어!"라며 모두 자신의 공으로 돌려 버린다.

여자아이와 지키기 힘든 규칙을
만들지 않는다

여자아이는 신뢰관계를 쌓고 그 관계성 속에서 대화를 나눈 내용을 매우 중시한다. 즉 여자아이의 훌륭한 특징 중 하나로 한 번 했던 약속은 꼭 지키는 습관을 꼽을 수 있다. 특히 어린 초등학생도 규칙을 지키는 우등생은 대부분 여학생이고 규칙을 지키지 않는 남학생에게 화를 내는 것도 여학생이다.

"○○○! 너 뭐하는 거야! 이러면 안 돼!", "선생님, ○○○이 규칙을 안 지켰어요, 용서하시면 안 되죠!" 이렇듯 자신에게 돌아오는 아무런 이득이 없는데도 오지랖 넓은 여학생들이 우리 학원에도 많다.

원래 여성의 뇌는 남성의 뇌보다 진술 기억이 강해 "그때 이런 말 했었지?"라며 지난 일을 잘 기억한다. 한편, 남성의 뇌는 한 번 몸으로 부딪혀 잘 되면 계속 몸으로 부딪히려는 계통의 비진술 기억이 뛰어나다.

따라서 남성은 말로 맺은 약속은 바로 잊지만 여성은 잘 기억하므로 연인 사이의 분쟁의 불씨가 된다.

이런 경향은 초등학교 때부터 확실히 보이므로 아빠는 섣불리 딸과 약속하고 또 너무 쉽게 약속을 깨면 안 된다. 딸은 아빠와의 약속을 지키기 위해 전심전력을 다하기 때문이다. 그러다가 중·고등학생이 되면 어릴 때의 순진했던 자신에 대한 반발감으로 대충 하겠다는 말만 하고 그냥 넘어가려는 여자아이도 많지만 초등학생 때는 좋은 의미든 나쁜 의미든 책임감이 강해 규칙을 지키려고 애쓰고 만약 지키지 못했다면 그런 자신에게 큰 충격을 받는다. 이런 성향을 고려한다면 너무 힘든 규칙을 만들지 않는 것이 좋다. 여자아이가 자신을 믿어주는 부모님 때문에 이런 규칙을 지키는 것이 즐겁다고 생각할 정도에서 정하는 것이 좋다. 매일 30분 동안 영어 단어를 외우거나 싫어도 매일 수학 계산 문제 10개가량을 푸는 정도가 좋다. 지나가는 말로라도 "○○중학교에 합격하기로 엄마와 약속하자."와 같은 다짐을 받으면 안 된다.

엄마는 딸 앞에서
'여배우'다

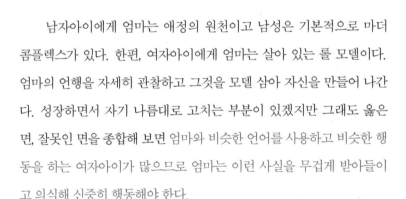

남자아이에게 엄마는 애정의 원천이고 남성은 기본적으로 마더 콤플렉스가 있다. 한편, 여자아이에게 엄마는 살아 있는 롤 모델이다. 엄마의 언행을 자세히 관찰하고 그것을 모델 삼아 자신을 만들어 나간다. 성장하면서 자기 나름대로 고치는 부분이 있겠지만 그래도 옳은 면, 잘못인 면을 종합해 보면 엄마와 비슷한 언어를 사용하고 비슷한 행동을 하는 여자아이가 많으므로 엄마는 이런 사실을 무겁게 받아들이고 의식해 신중히 행동해야 한다.

나는 여자아이 앞에서 엄마는 여배우가 되어야 한다고 생각한다. 완전무결한 엄마를 연기하라는 말이 아니다. 오히려 정반대다. 자신이 실패했던 경험담도 딸에게 이야기해 주는 것이 바람직하다. 자녀가 수학을 못해 괴로워한다면 수학을 잘하는 엄마를 보여주는 것이 아니라

"나도 수학은 정말 못했어."라며 부족했던 시절의 이야기를 해주며 마음을 편하게 해준다.

실제로 수학 우등생이었더라도 이때 연기를 해야 한다. 단, 이런 대화를 나눌 때도 모녀 사이에는 신뢰관계가 구축되어 있어야 하고 자녀가 엄마를 좋아하고 있다는 사실이 대전제다.

엄마와 신뢰관계가 쌓여 있고 그런 엄마를 가장 좋아한다면 자신처럼 수학을 못 했던 엄마가 현재의 엄마가 되었다는 사실을 긍정적으로 받아들이고 자신이 수학을 못 한다는 현실에 대해서도 별 충격을 받지 않고 받아들일 수 있다. 물론 뭐든지 다 못하는 엄마는 곤란하다. 여자아이가 좋아하는 대상의 근간에는 우수함이 필수 요소로 깔려 있다. 반드시 자녀가 자랑스럽게 생각하는 엄마여야 한다. 존경하는 엄마가 "나도 수학은 못 했어."라고 공감해주기 때문에 위안을 받을 수 있는 것이다.

엄마는 여자아이가 자신의 미래를 생각할 때 떠올리는 롤 모델이다. 많은 실패를 겪었지만 그랬기 때문에 지금 충실한 인생을 보내고 있다는 사실을 다양한 형태로 보여 주어야 한다.

어쨌든
실패하기는 싫다

여자아이는 야무지고 뭐든지 잘하고 싶어하는 욕망이 강해 그 반대 요소를 극도로 싫어한다. 이런 성향은 전형적으로 자신 없는 과목에서 잘 드러난다. 남자아이는 자신이 잘하는 과목만 공부하려고 하므로 못하는 과목은 점수가 낮아도 신경 쓰지 않는다.

한편 여자아이는 점수가 낮은 과목이 있다는 사실이 신경쓰여 어쩔 줄 모른다. 게다가 이런 생각이 모든 과목에서 최선을 다하자고 긍정적인 방향으로 작용하면 나쁠 것 없지만 대부분 실패를 싫어하는 특성 때문에 의기소침해진다. 우리 학원에서는 여자아이에게 수학을 가르칠 때 공식 등 자신이 푸는 법을 알고 있거나 내가 "누구라도 당연히 풀 수 있지."라고 말했던 문제는 곧바로 문제풀이에 돌입한다.

그러나 조금이라도 애매한 부분이 있어 풀이 방법을 몰라 헤매거나 내가 "이 문제는 풀기 어렵지."라고 말만 해도 실제로 풀 수 있는 문제임에도 불구하고 그 자리에서 손을 놓아 버린다. 풀어봤지만 틀렸다는 결론이 나는 것을 매우 두려워하기 때문이다. 이런 특성을 간과하면 도전해보지 않았기 때문에 아무리 긴 시간이 지나도 전혀 할 수 없는 세계가 있다. 어릴 때 우수했던 여자아이가 언제부터인가 한계에 봉착하는 원인이 여기 있다.

내가 아는 한 여성이 최근 이혼했다. 이미 5년 전부터 남편과의 관계가 파탄에 이르렀던 것 같았으나 그녀는 결혼생활 실패를 인정하고 싶지 않아서인지 좀처럼 이혼 절차를 이행하지 못했다.

사실 주변에 있던 우리는 아무도 그녀가 실패했다고 생각하지 않았다. 이처럼 이혼을 신경 쓰는 이유는 여성이기 때문이라고 나는 생각한다. 물론 주변으로부터 좋은 평가를 받고 싶어하는 마음은 분발의 계기로 이어지기도 하므로 반드시 부정적인 것만은 아니다. 단, 실패에 대한 인식을 왜곡하려는 태도는 해결책이 아니다. 여자아이를 성장시키려면 실패는 나쁜 것이 아니라는 것을 얼마나 인식시키는가가 관건이다. 시행착오가 아니라 시행, 시행, 시행착오 비율로 실패 횟수를 줄이면서 경험을 신중히 축적해 나가야 한다.

친구와의
인간관계 속에서 성장한다

최근 옥시토신 호르몬이 주목받고 있다. 이것은 출산 과정과 관련 깊은 호르몬으로 이성을 사랑하거나 집단의 화합 도모에 기여한다. 남성 몸에서도 분비되지만 압도적으로 여성에게서 많이 볼 수 있는 호르몬이다. 호르몬의 영향을 예로 들 필요도 없이 여자아이는 어릴 때부터 집단을 소중히 여기는 경향이 강하다. '나는 나'라고 생각하는 남자아이와 달리 여자아이는 인간관계 속에서 주변 사람들과 조화를 이루며 성장한다. 초등학생 단계에서 이미 친구 집단 속에서 자신의 위치와 캐릭터를 만들고 이것을 지키려고 하므로 집단에서 따돌림당하는 것을 매우 두려워한다.

또한 자신의 감정이나 욕구는 주변에 맞추어 어느 정도 억누르고 집단 가치관으로 사물을 판단한다. 그래서 여자아이에게는 어떤 집단에 속해 있는가가 중요하다. 여자아이가 소속된 집단은 본인의 성장에 직접적인 영향을 미치기 때문이다. 부모도 이 사실을 잘 알고 있으므로 자녀를 어떤 학교에 진학시킬지 고심한다.

나의 개인적인 견해를 피력하자면 학교 선택 등 여학생을 둘러싼 환경 조성 문제에서 도박은 피해야 한다. 가능하면 자녀의 특성에 맞춘 인간관계를 만들어야 할 것이다. 따라서 여기서도 부모-자녀 간 신뢰가 필수적이라고 할 수 있다. 마음을 터놓고 이야기 나눌 수 있는 신뢰관계가 없다면 국립대 의학부를 목표로 열심히 공부하는 여학생을 하향 지원하게 해 안정권에서 입학할 수 있는 학교를 선택하게 하거나 반대로 본인이 원하지 않는 강압적인 환경을 만들어 나락으로 떨어뜨리는 결과를 초래할 수도 있다.

만약 도중에 자녀가 '이 환경은 나와 안 맞다'라고 깨달아도 부모-자녀의 신뢰관계만 제대로 구축되어 있다면 아이는 지킬 수 있다. 특히 가장 신뢰할 수 있는 엄마와의 관계가 더없이 좋다면 여자아이는 무슨 이야기든 털어놓기 때문에 그때부터 다시 다른 길을 찾으면 된다.

'싫다', '어렵다'라는 핑계로 쉽게 도망친다

수학 문제 10개 중 6개를 맞추었다면 남자아이는 "와! 절반이나 넘게 맞추었네. 나는 정말 수학을 잘해."라고 긍정적으로 받아들인다. 그러나 여자아이의 경우, "여섯 문제 밖에 못 맞추었으니 나는 수학을 못해."라는 마이너스 이미지를 떠올린다.

실제로 꽤 잘하고 있음에도 불구하고 스스로 '못 한다'라는 생각을 증폭시킨다. 원래 6문제나 맞추었기 때문에 이 정도 실력이면 특별히 문제가 될 만한 상황은 아니다. 더 큰 문제는 실패를 싫어하는 여자아이가 "가능하면 수학은 하고 싶지 않다."라며 피하는 것이다. 수학 문제 10개 중 6개나 정답을 썼기 때문에 조금만 더 공부한다면 향상될 수 있는 과목인데도 가능하면 수학에서 멀어지려고 애써 정말 아예 못하는 과목으로 전락해 버린다.

여자아이는 이렇게 스스로 '싫다', '어렵다'라고 생각하며 그것을 핑계로 도망치면서 자의식에 상처받지 않으려고 한다. 정말 할 수 없을 때를 위해 "그러니까 나는 그거 못한다고 했잖아."라고 핑곗거리를 준비한다. 그 기분을 모르는 바는 아니지만 이 상태로는 시행착오를 경험할 수 없으므로 성장에 방해가 된다.

못하는 과목을 어렵다고 느꼈을 때는 이와 같은 인식의 왜곡을 바로잡아야 한다. 여자아이는 신뢰관계가 쌓인 사람의 충고에 귀를 잘 기울인다. 그리고 증거를 중시하므로 수치가 들어간 데이터를 제시하며 객관적으로 지적하는 것이 좋다.

"10개 문제 중 6개를 맞추었으면 꽤 우수한 성적이야. 절반도 못 맞추는 사람이 대부분인데 말이야. 그렇다는 얘기는 ○○이가 사실 수학에 소질이 있다는 거 아닐까? 그래도 7개 문제를 맞추었다면 좀 더 자신감이 커졌겠지. 그러니까 여기서 조금만 더 공부해 볼까?"

이렇게 함께 분석하면서 신중히 인식을 바꾸어 준다. 내 아이를 정말 사랑한다면 "너라면 할 수 있다!"라는 포지티브 전환을 하고 싶을 것이다. 그러나 여자아이는 증거가 없으면 믿지 않는다.

"아빠, 그건 무슨 근거로 말씀하시는 거죠?"라는 지적을 받지 않도록 단단히 대비해야 할 것이다.

You can do it

제2장

여자아이의 학습 능력을 길러주는 5가지 절대 원칙

이해 과정을 거쳐 머리에 인식되는 것일까? 학습에는 반드시 단계가 있어 갑자기 '이해할 수 있게 되었다'라는 현상은 절대로 일어나지 않는다.

자녀의 현재 위치를 정확히 파악하면서 이해할 수 있는 점을 늘리고 점들끼리 연결해야 한다. 이번 장에서는 여자아이의 특성에 맞춘 학습 능력 향상의 비밀을 공개한다.

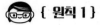

10~14세 시기를 어떻게 보내는가에 따라 학습 능력이 결정된다

◆ 학습 능력을 높이는 방법에는 순서가 있다

자녀의 학습 능력은 3단계로 성장한다. 나는 이 3단계를 욕실 이론으로 설명한다. 첫 번째는 욕조 만들기 단계다. 쾌적한 욕실을 만들려면 우선 멋진 욕조가 필요하다. 욕조는 크게 만들면 좋겠지만 구멍이나 금이 나면 곤란하다. 섬세한 여자아이의 경우, 구멍이나 금이 나지 않도록 특히 주의해야 한다.

하지만 지나치게 예민하면 큰 욕조를 만들 수 없다. 이처럼 하자가 없도록 신경 쓰면서 여자아이의 학습 능력의 기초를 단단히 다지는 단계가 토대기(土臺期)다. 그 다음은 물 채우기 단계다. 이 단계는 자녀에게 여러 정보를 주입하는 지식기(知識期)다. 튼튼한 욕조가 완성되었으면 물을 부어 채운다. 큰 욕조를 준비했지만 물을 절반 정도만 채우는 경우도 있고 반대로 작은 욕조를 가득 채울 수도 있다.

마지막으로 도구 준비 단계다. 욕실은 단지 욕조에 몸을 담그고 나오는 곳이 아니라 더러운 때를 말끔히 씻어내는 장소다. 따라서 타월이나 보디 샴푸 등을 준비한다. 자녀의 학습 능력으로 말하면 완성기(完成期)에 해당한다. 이 순서를 확실히 기억하고 모든 단계를 빠짐없이 행동으로 실천하길 바란다. 특히 토대기에는 철저한 만들기 실력과 품질 체크가 필요하다. 아무리 깨끗한 물을 많이 붓고 좋은 보디 샴푸를 준비했더라도 욕실의 기본인 욕조가 깨졌다면 목욕할 수가 없다.

그러나 첫 단계를 가볍게 생각하고 무조건 대량의 물을 쏟아붓거나 준비도 안 되었는데 필요 이상으로 도구를 사들이는 부모가 많다. 물이나 도구는 돈만 들이면 얼마든지 준비할 수 있기 때문이다. 자녀의 성적이 오르지 않아 고민이라면 물이나 도구가 아니라 욕조를 체크해야 하고 고장난 부분을 발견하자마자 수리를 시작한다면 마지막에 좋은 결과를 얻을 수 있다.

◆ 여자아이는 가능하면 공부를 일찍 시작하는 것이 유리하다

수학의 덧셈·뺄셈·곱셈·나눗셈과 같은 계산식을 잘 푸는 학습은 욕조 만들기 작업의 대표적인 공부라고 할 수 있다. 5+8 계산에서 13이라는 답을 낼 때 기초 학습을 쌓은 아이들은 1초도 안 걸려 풀지만 이제 막 학습을 시작한 아이는 5초가량 걸린다. 겨우 4초 차이지만 문제가 네 자릿수 덧셈이라면 한 자리당 4초 차이가 나므로 결국 16초가 더 걸리는 셈이다.

단 한 문제를 푸는 데 16초나 더 걸린다면 시험에서는 아예 상대가 안 된다. 정답률도 100% 맞춘 아이와 80% 맞춘 아이는 문제를 많이 풀수록 큰 차이가 벌어진다. 즉 이런 기본적인 계산이나 영어 문제, 암기 사항 등을 얼마나 빨리 높은 정답률로 풀 수 있는가는 매우 중요한 과제이고 이 부분을 확실히 다지는 단계가 욕조 만들기 시기다.

이뿐만 아니라 이 시기에는 집중력을 높이는 훈련도 중요하다. 처음부터 1시간 동안이나 집중하려고 하지 말고 3분, 5분, 10분씩 집중할 수 있는 시간을 늘려나간다. 남자아이든 여자아이든 기본적으로 토대기는 1~10세 시기라고 생각한다. 단, 여전히 어린아이 같은 남자아이와 달리 정신적 성장이 빠른 여자아이는 단계를 더 세분화해도 좋다. 토대기의 연령대를 길게 잡지 말고 2년 단위로 주제를 바꾸는 방법도 좋다. 또는 6세 전후를 한 단위로 보고 이때부터 가로세로 연산 등을 시키면 학습 능력을 향상시킬 수 있다.

어떤 방법이든 여자아이는 앞사람을 따라잡겠다는 전투적인 태도가 익숙하지 않으므로 가능하면 일찍 공부를 시작하고 처음부터 차이를 벌리며 앞서 나가는 작전이 효과적이다.

◈ 10~14세 시기의 가득 채우기 학습이 학력차를 만든다

토대기에 만든 욕조에 물을 한꺼번에 쏟아붓기 적합한 시기는 대체로 10~14세다. 요즘은 보습학원도 많고 참고서, 인터넷 강의 교재도 넘쳐나 채울 수 있는 물의 양이나 종류가 풍부하다. 이 시기에 수학 공식을 하나라도 더 이해하고 국어 서술 문제를 풀어야 한다. 가득 채우기 학습을 철저히 한다면 자녀의 학습 능력은 단숨에 향상된다.

단, 타이밍의 차이가 있어 이 성장이 10~12세 때 나타날지, 14세 때 나타날지는 아무도 모른다. 앞에서도 말했듯이 10살의 벽이 되어 나타나기도 한다. 여자아이는 빠른 시기에 성장하는 경향이 있어 걱정할 필요는 없지만 중학교 입시를 보는 아이의 경우, 14세는 너무 늦다. 어떻게 해서든 10~12세 무렵에는 난관을 돌파하는 것이 좋다.

중학교 입시와 상관없다면 아직 시기적으로는 괜찮지만 그래도 역시 14세가 한계가 될 것이다. 한 유명 진학학교 교사는 대학 입시 결과는 중2 때 결정된다고 주장했다. 욕조에 완벽히 물을 붓는 시기는 최소한 14세 때까지다. 그때까지의 작업 상황에 따라 아이의 학습 능력의 상당 부분이 결정된다. 나는 욕실을 더 쾌적하게 만들기 위해 도구를 준비하는 완성기는 15~19세라고 생각하는데 15세가 되면 이미 분기점을 지난 후다. 수건이나 보디 샴푸를 다양하게 바꿀 수는 있지만 욕실은 이미 정해져 있는 것이다.

중학교 입시에서 실패했더라도 최종 지망 대학에 합격한다면 괜찮지만 그렇더라도 고등학교에 가서 잘하자고 생각하기엔 시간이 너무 촉박하다.

◈ 자녀에게 무관심한 부모는 여자아이를 성장시킬 수 없다

여자아이의 경우, 초등 고학년이 되면 초경을 맞이하는 등 신체적으로 예민한 변화가 일어난다. 컨디션이 안 좋거나 초조해지면 공부 시간을 많이 확보하지 못할 수도 있다. 실제로 월경 전에는 우뇌를 자극하는 테스토스테론(스테로이드 호르몬. 수치가 높으면 자신감이 상승하고 승부와 도전을 두려워하지 않는 성격이 됨)이 격감해 공간 인식 능력이 떨어지므로 이과 과목 득점에 악영향을 미친다는 보고도 있다.

또한 지금까지보다 훨씬 어른스러워져 아이다운 솔직함으로 주변의 의견에 귀 기울이지 않는 아이도 있다. 그러므로 이런 변화가 찾아오기 전 기초 학습을 많이 쌓아 큰 차이를 벌려 놓는 것이 유리하다. 공부 진행 상황도 남자아이보다 꼼꼼히 확인하는 것이 좋다. 제대로 잘하

고 있는지 보기 위해서가 아니라 여자아이 자신의 상황에 대해 어른의 공감을 받고 싶어하기 때문이다.

여러 변화가 일어나는 가운데 아이가 어디까지 이해하고 어느 부분이 부족해 힘들어 하는지에 무심한 부모 밑에서 양육되는 여자아이는 성장하지 않는다. 모처럼 큰 욕조를 만들었지만 신뢰관계가 결여되어 욕조에 금이 갔다면 아무 소용 없다. 정기적인 유지보수는 꼭 필요하다.

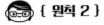

학습 능력이 향상될 때 어떤 일이 일어나는가

◈ '이해하다'는 센스가 아닌 논리성이다

자녀들의 성적은 우연히 오르지 않는다. 메커니즘에 따라 향상된다. 또는 메커니즘에 따라 이해할 수 있게 된다고 말할 수도 있다. 메커니즘을 무시하면 아무리 열심히 하라고 독려해도 소용없다.

대부분 사람들은 이해한다는 것이 선천적으로 좋은 머리나 뛰어난 센스와 깊은 관계가 있다고 생각한다. 그래서 학원에 센스를 키우는 트레이닝을 기대한다. 어려운 문제가 있다면 문제 푸는 요령을 알길 원하고 센스를 발휘할 수 있는 사고법을 배우고 싶어 한다. 이런 트레이닝을 하면 머리가 점점 좋아진다고 생각한다. 그러나 이해한다는 현상이 비밀 노하우를 사용했을 때 나타나거나 지금까지 생각하지도 못했던 문제 해결법을 발견해 갑자기 깨닫는 형태로 나타나는 경우는 없다.

이해하는 과정은 사실 점프가 아니라 처음부터 지속적으로 기본 작업을 반복하면서 지나가는 것이다.

이 말을 반대로 해석하면 기본을 반복하면 누구나 '이해하다'에 도달할 수 있다는 뜻이다. '이해하다'는 센스라기보다 논리성이다. 학습 능력을 길러주는 방법이라며 기합을 불어 넣거나 근성만 자극해도 안되지만 특별한 법칙이 필요한 것도 아니다. '이해하다'라는 원리를 가시화해 그 논리를 알아가는 것이 중요하다. 여자중학교 입시 문제에는 기초 실력만 쌓으면 풀 수 있는 문제가 많이 출제되는 경향이 있다.

시험 문제가 '쉽다'라는 의미가 아니라 여자아이의 경우, 애당초 기초를 탄탄히 다진 인재를 원한다는 뜻이다. 물론 여자아이의 재능이나 센스에 차이가 있는 것은 분명하다. 그러나 센스나 재능 덕분에 천재가 되는 경우는 거의 없다. 대부분의 아이는 센스나 재능을 생각할 필요가 없다.

◆ 무엇보다 기초 지식을 더 많이 늘린다

나는 무엇보다 기초를 중시한다. 특히 욕조를 만드는 토대기의 아이들은 "또 똑같은 공부를 해야 돼?"라고 생각할 정도로 기초 학습을 반복시킨다. 수학 계산 문제나 영어 단어, 사회나 이과 과목의 암기 항목

등도 잘할 때까지 몇 번이나 반복시키고 특히 중학교 입시가 목표인 아이들이라면 더 철저히 공부시킨다.

물론 중학교 입시에 출제되는 문제를 기초 지식만으로 풀 수 있는 경우는 많지 않다. 그러나 기초가 없으면 풀 수 없는 문제들만 출제된다. 그렇다면 기초 지식만으로 풀 수 없는 문제는 어떻게 해결해야 할까? 많은 부모는 그래서 응용력이 필요하다고 말하는데 정답은 기초 지식을 연결해 문제를 푸는 것이다. 이 말이 곧 '이해하다'라는 뜻이다.

상해에 임시정부가 세워진 해는 1919년, 미국의 수도는 워싱턴 D.C, 국토의 영역은 영공, 영해, 영토 등과 같은 기초 지식은 개별적인 내용을 외워 습득한다. 즉, 기초 학습은 이 하나하나의 점을 외우는 작업이다. 이렇게 기초 지식에 해당하는 여러 개 점이 있고 이 점들끼리 유기적으로 연결해 다양한 문제를 이해할 수 있게 만든다. 이때 점이 많을수록 '이해하다'에 도달할 수 있는 네트워크가 더 높은 수준으로 형성된다는 사실은 말할 것도 없다. 그래서 기초 공부를 아무리 많이 해도 낭비되는 법이 없다.

그러나 오늘날 사회에서는 점을 늘리는 작업이 경시되고 있다. 현재 중학교 영어 수업에서는 단어를 외우기보다 듣기나 말하기 수업을 우선시한다. 하지만 사실 영어를 잘하는 사람은 머릿속에 많은 단어를 저장해 유기적으로 연결한다. 애당초 외우고 있는 영어 단어의 볼륨이 빈약하다면 영어를 할 수 없다.

또한 생각하는 머리가 중요하다는 풍조도 영향을 미치고 있다. 도쿄대 시험 문제는 지식 양이 아니라 생각하는 힘을 묻는다는 말을 종종 듣는데 문제를 생각하고 풀 수 있는 소재가 있어야 한다는 사실이 대전제다. 기초가 완성되어 있어야 하는 것은 당연하다.

비즈니스 세계에서도 여러 가지를 알고 있는 사람보다 좋은 아이디어를 내는 사람이 가치를 인정받는다. 그러나 생각의 재료가 없는 사람이 어떻게 아이디어를 낼 수 있겠는가? 중요한 사실은 점을 늘려야 한다는 것이다.

◆ 가정에서 할 수 있는, 기초 지식끼리 연결하는 공부법

기초 학습에서 배운 점을 유기적으로 연결해 '이해하다'로 만들어가기 위해 가정에서 할 수 있는 방법이 있다. A3 사이즈의 종이에 많은 점의 요소를 쓰고 자녀가 연결하게 만든다. 이때 어떻게 연결했는지, 거기서 무슨 일이 일어났는지와 같은 내용을 아이들이 설명하게 한다. 어떤 점의 요소를 쓸 것인가는 완전히 무작위로 선택해도 상관없다. 신문이나 잡지, 교과서, 지도 등에서 선택해 본다.

또는 우선 한 개 요소를 종이 한가운데 쓰고 그곳부터 마인드맵과 같이 점을 연결해 늘려나가는 작업도 효과적이다. 예를 들어, 한가운데 도널드 트럼프라고 썼다면 그곳부터 이방카, 쿠슈너로 연장되는 선이 있거나 달, 태양, 개기일식 등과 같은 선이 있어도 좋다. 암기는 아이들의 특기이지만 점을 연결하는 작업은 어려워한다. 분명히 중학교 교육 제도에 문제가 있다고 할 수 있다. 국사, 세계사, 지리로 분류한 시점에서 가로 연결은 사라진 것이다. 아이들은 개별 학습에 익숙해져 있으므로 자신이 외운 사건들끼리 유기적으로 연결하려는 생각을 못 한다. 가정에서 이런 작업을 통해 아이들의 연결하는 능력을 스스로 찾게 해주길 바란다.

〈**도표 1**〉 점이 연결되면 여러 가지 사실을 이해할 수 있게 된다!

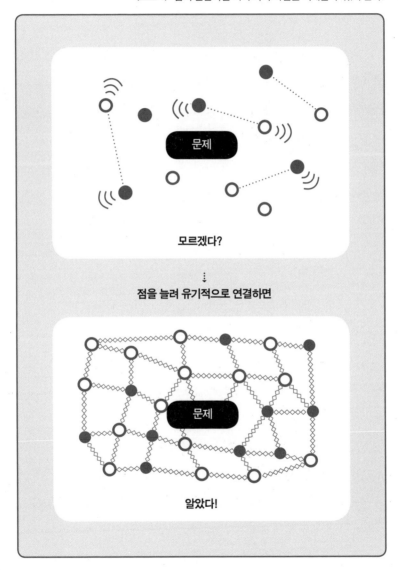

◆ 연결하는 능력을 요구하는 입시 문제가 늘었다

중학교 입시는 명문 학교일수록 단편적으로 암기한 지식만으로는 대처할 수 없는 문제가 많이 출제된다. 게다가 방식도 다양해져 모 중학교 사회시험에서는 헌법 제9조의 개헌 필요성을 묻는 서술형 문제가 출제되었다. 이때 단순히 현행 헌법 암기만으로는 부족하다. 자위대 창설과 그 실태, 과거 전쟁과 원폭 피해, 현재의 국제정세와 테러 문제 등 재료로서 풍부한 기초 지식이 있어야 하며 이것들을 유기적으로 연결하면서 심도 있게 분석·사고하는 능력이 요구된다.

나다 중학교 이과 과목에서는 새해 해돋이를 두 번 보는 문제가 출제되었다. 이 문제를 풀려면 태양이 떠오르는 지축과 시간 개념과 같은 여러 요소를 조합해야 한다. 이 문제도 점인 기초 지식을 유기적으로 연결하는 능력을 요구하고 있다. 여학교 중 2017년도 쇼에이 여자학원이 슈퍼문을 소재로 출제한 문제는 연결 능력을 요구하는 좋은 문제였다고 생각한다. 또한 점을 선으로 연결할 때 두세 단계 앞서 생각해야 답을 쓸 수 있는 경우도 있다.

이전이라면 1945년 8월 6일 원자폭탄이 투하된 도시를 묻는 질문에 히로시마라고 즉시 답하면 되었지만 요즘은 오바마 대통령이 노벨평화상을 수상하게 된 이유부터 하나둘 연결해 히로시마에 도달하도록 우회하는 문제가 출제되고 있다. 그뿐만 아니라 완전 오픈형 문제도 출제된다.

'프란시스코 교황은 지금 전 세계에 필요한 것은 벽이 아니라 다리라고 말했습니다. 당신에게 다리란 무엇입니까?' 이 문제를 '다리는 강을 건널 때 사용하는 구조물입니다'라고 답했다면 논점을 이해하지 못한 것이다. 모범 답안은 베를린 장벽처럼 세계를 분단시킨 벽을 서술하고 다리가 연계나 평화의 상징이라는 결론을 내야 한다. 이것을 위해서는 동서냉전이나 종교전쟁, 세계를 분단시키는 문제에 대해 알고 있어야 함은 물론이다.

얼핏 보면 어려운 문제 같지만 하나하나 요소를 분해해 보면 반드시 답을 도출할 수 있다. 비즈니스에서 발생하는 문제도 결국 문제의 원인을 분석해 나가다 보면 해결할 수 있으므로 복잡하게 생각할 필요가 없다. 원인을 분석했을 때 기초 지식을 얼마나 보유하고 있는가가 중요할 뿐이다. 자녀의 학습도 마찬가지다.

〈**도표 2**〉 가정에서 할 수 있는, 자녀의 연결하는 능력을 성장시켜주는 공부법

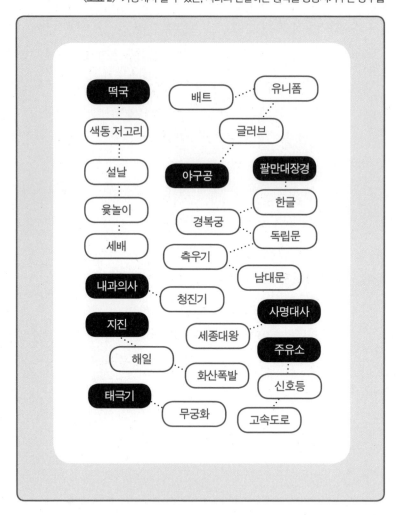

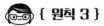 **{ 원칙 3 }**

어떤 과목이든 반드시 외워야 할 구구단이 있다

◆ 지도자가 평가 기준으로 삼는 비밀 지표는?

부모가 자녀의 학습 능력 향상을 평가하는 지표로 평균치가 있다. 중학교 입시 모의고사를 보면 초등학생이라도 훌륭한 평균치가 산출되지만 평균치 산출의 토대인 시험이 지금까지 공립 초등학교에서 배운 내용으로는 풀 수 없는 문제가 많아 처음에는 말도 안 되는 낮은 수치로 산출되는 경우도 있다.

29점, 33점과 같이 생각하지도 못한 낮은 평균치를 보고 자신의 자녀는 어쩔 수 없는 바보라며 충격을 받는 부모도 많고 평균치가 오르지 않으면 현재의 공부 방법이 효과가 없다거나 학원이 아이에게 안 맞다고 오판한다.

하지만 원래 평균치가 오른다고 자녀의 학습 능력이 길러지는 것은 아니다. 평균치는 상대적이므로 자녀가 크게 성장했더라도 다른 아이들도 열심히 했기 때문에 자녀의 점수가 평균치로 두각을 나타내지 못하는 것이다. 반대로 분모가 되는 모의고사 난이도가 낮았다면 평균치가 높게 나오므로 평균치를 높이는 것은 무의미하다. 그보다 중요한 문제는 학습 능력을 어떻게 향상시키느냐다.

평균치가 높지 않더라도 학습 능력이 향상되는 아이들은 많다. 평균치나 성적은 개인의 절대적 요소가 아니므로 갑자기 급등하거나 열심히 하는 데도 상승세를 보이지 않는 등 예측불허로 이상하게 움직이는 경우가 있다. 하지만 학습 능력은 공부한 만큼만 오른다. 그래서 나는 평균치가 아닌 학습 능력을 믿는다. 내가 지표로 삼는 기준은 아이가 전에 가르친 내용을 이해하는지 여부다.

지난주에 가르쳤던 내용을 이번 주에도 이해하는지 테스트해 본다. 지난주에 외운 내용은 이번 주에 내 것으로 만들고 이번 주에 배운 내용은 다음 주에 내 것으로 만들 듯이 작은 한 걸음이지만 단계를 확실히 밟고 올라간다면 아이는 지망 학교에 합격할 수 있다. 이렇게 단계를 밟으며 올라가면 쉽게 안 잊히고 축적된다. 상대적 평균치에 일희일비하지 말고 자녀의 절대적 학습 능력을 길러주길 바란다.

◆ 어떤 과목에든 수학 구구단과 같은 기초가 있다

우리 학원에서는 아이들에게 기초의 중요성을 먼저 철저히 이해시키고 단계를 밟으며 수준을 조금씩 높여 나간다. 이 과정을 거치면 확실히 중심이 잡힌 튼튼한 학습 능력을 몸에 익힐 수 있다. 부모는 학원을 향해 무슨 방법을 써서라도 당장 성적을 올려주는, 마법과 같은 공부법을 요구한다. 하지만 그런 방법은 없고 정말 성적을 올리고 싶다면 철저한 기초 다지기를 할 수밖에 없다.

기초를 건너뛴 성적 향상은 있을 수 없다. 수학 문제를 푸는 데 절대적으로 필요한 기초 지식으로 구구단이 있다. 8×9=72라는 답을 순간적으로 떠올리지 못하면 어떤 문제도 주어진 시간 안에 풀 수 없다. 그 이외 과목에도 수학 구구단처럼 절대적으로 몸에 익혀야 하는 기초 사항이 있다. 사회 과목이라면 행정구역과 도청 소재지를 모두 외워야 한다. 내가 어렸을 때는 초등학교에서 이렇게 공부시켰다. 그러나 지금은 중학교에서조차 자신이 현재 사는 지역만 중점적으로 배운다. 그래서 어른이 되어도 행정구역이나 도청 소재지를 모르는 사람이 많다.

그러나 중학교 입시를 볼 때 이 내용은 기초 중 기초이므로 무조건 외워야 한다. 마찬가지로 과학과 국어에도 이처럼 반드시 습득해야 할 기초 지식이 있다. 기초 습득을 위해서는 반복 연습이 필수다. 야구를 할 때 처음에는 캐치볼이나 던지기를 반복 연습한 후 타격을 반복 연습한다. 이처럼 조금씩 야구기술 수준을 올려가며 기초를 몸에 확실히 익힌다. 이때 수준이 세분화되어 있으면 아이가 어디부터 반복 연습해야 할지 명확히 보여 현재 위치를 알 수 있다. 다음 표는 우리 학원에서 사용하는 계산 64단계다.

표에서 보듯이 곱셈만도 6단계로 나누었다. 23×7, 47×6처럼 두 자릿수×한 자릿수 곱셈을 단시간에 풀 수 없는 아이에게 두 자릿수×두 자릿수를 시키면 시간이 더 오래 걸린다. 물론 정답률도 낮다. 이때 다른 아이들 모두 두 자릿수×두 자릿수 진도를 나갔으니 너도 진도를 빨리 따라가야 한다며 무리하게 밀어붙이는 것은 바람직하지 않다. 일단 두 자릿수×한 자릿수 곱셈을 철저히 반복시켜 몸에 익히게 하고 진도를 나가야 결과적으로 학습 능력을 길러줄 수 있다.

여자아이는 수학이나 과학 등 계산 과목을 어려워하는 경향이 있는데 64개 항목을 철저히 반복 학습시킬 때 가장 중요한 기초 다지기를 할 수 있다.

〈도표 3〉 자녀의 현재 위치를 알 수 있는 계산 64단계

단계	내용	단계	내용
1	덧셈(+1~+5)	33	분수의 덧셈·뺄셈(분모가 같을 때의 계산)
2	덧셈(+6~+9)	34	분수의 덧셈·뺄셈(한쪽 수로 통분 계산)
3	덧셈(10단위+한 자리)	35	분수의 덧셈·뺄셈(최소공배수로 통분 계산)
4	뺄셈(한 자리-한 자리)	36	분수의 뺄셈(대분수로 고치는 계산)
5	뺄셈(10단위-한 자리)	37	분수의 곱셈
6	덧셈(자릿수가 올라가는 두 자리+두 자리)	38	분수의 나눗셈
7	덧셈(세 자리+한두 자리)	39	소수, 분수의 변환
8	덧셈(세 자리+세 자리)	40	소수와 분수의 혼합계산 / 분수의 계산 종합 점검
9	뺄셈(두 자리-두 자리	41	정수의 사칙연산
10	뺄셈(세 자리-한두 자리나 세 자리) / 덧셈, 뺄셈 종합 점검	42	소수의 사칙연산
11	곱셈(1~5단)	43	분수의 사칙연산
12	곱셈(6~9단)	44	괄호가 있는 정수의 사칙연산
13	곱셈(두 자리×한 자리)	45	괄호가 있는 소수의 사칙연산
14	곱셈(세 자리×한 자리)	46	괄호가 있는 분수의 사칙연산
15	곱셈(두 자리×두 자리)	47	정수, 소수, 분수의 사칙연산
16	곱셈(세 자리×두 자리)	48	괄호가 있는 정수, 소수, 분수의 사칙연산
17	나눗셈(두 자리÷한 자리, 나머지 없음)	49	계산 방법(계산 순서)
18	나눗셈(두 자리÷한 자리, 나머지 있음)	50	계산 방법(분배법칙, 결합법칙 이용)
19	나눗셈(두 자리÷두 자리)	51	계산 방법(부분분수 분해) / 종합 계산 연습
20	나눗셈(세 자리÷두 자리) / 곱셈, 나눗셈 종합 점검	52	역산(덧셈·뺄셈만, 2항만)
21	소수란	53	역산(덧셈·뺄셈만, 3항 이상)

22	소수의 덧셈	54	역산(곱셈·나눗셈만, 2항만)
23	소수의 뺄셈	55	역산(곱셈·나눗셈만, 3항 이상)
24	소수의 곱셈(정수×소수)	56	역산(사칙연산)
25	소수의 곱셈(소수×소수)	57	역산(괄호 포함)
26	소수의 나눗셈(소수÷정수)	58	역산(소수, 2항만)
27	소수의 나눗셈(소수÷정수, 나머지 없음)	59	역산(소수, 3항 이상)
28	소수의 나눗셈(소수÷정수, 나머지 있음)	60	역산(소수 및 괄호 포함)
29	소수의 나눗셈(소수÷소수, 나머지 없음)	61	역산(분수, 2항만)
30	소수의 나눗셈(소수÷소수, 나머지 있음) / 소수의 계산 종합 점검	62	역산(분수, 3항 이상)
31	가분수 및 대분수의 변환	63	역산(분수 및 괄호 포함)
32	약분	64	역산(정수, 소수, 분수 혼합) / 역산 종합 연습

◈ 암기가 안 되는 것은 방법이 아이에게 안 맞기 때문

기초 지식을 습득하려면 반복 학습밖에 없는데 이것을 통한 학습 능력 성장률은 아이마다 다르다. 똑같이 매일 2시간씩 공부해도 눈에 띄게 성적이 향상되는 아이가 있는 반면, 좀처럼 실력이 늘지 않는 아이도 있다. 그것을 선천적 능력 차라고 단정짓는 것은 경솔하다. 좀처럼 성장하지 못하는 아이는 훈련 방법이 안 맞는 경우가 많다.

기초 학습에 없으면 안 되는 암기법은 한 가지가 아니다. 읽기 · 쓰기 · 듣기 · 보기 · 말하기 등 여러 가지다. 보기에서는 교과서나 참고서

뿐만 아니라 스마트폰 앱 등도 사용할 수 있다. 듣기나 말하기는 부모가 함께 공부를 도와줄 때 사용할 수 있는 좋은 방법이다. 잘 맞는 방법은 아이마다 다르다.

실제로 우리 학원에는 쓰면서 외우거나 소리내 읽으며 외우거나 글자를 한참 쳐다보며 외우는 등 아이마다 다르므로 한 가지 생각으로 특정 방법이 좋다고 단정지을 수 없다. 이것도 시행착오를 겪으며 아이에게 맞는 방법을 찾아 나가는 것이 가장 좋다.

물론 어느 한 가지 방법으로만 한정 지을 필요는 없다. 쓰기를 좋아하는 아이도 그날 기분에 따라 읽기를 더 많이 하거나 듣기를 겸해 조금이라도 효율적으로 외울 수 있으면 나름대로 좋은 방법이다. 쉽게 싫증 내거나 집중력이 부족한 아이에게는 부모가 이것저것 패턴을 바꾸어 주는 등의 연구도 필요하다. 이때 중요한 사실은 아이의 자주성을 존중해 주어야 한다는 점이다. 아이가 조금이라도 즐거운 기분으로 매진할 수 있는 상황을 만들어 주어야 한다.

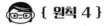 **{ 원칙 4 }**

몰입할 수 있는 환경 만들기가 90%

◈ 여자아이는 도중에 왜 실수할까?

남자아이와 여자아이는 공부에 임하는 기본 자세부터 다르다. 남자아이는 그때그때 흥분 상태나 자신의 호불호에 맞추어 행동하므로 우선 매일의 공부를 규칙화시키는 것부터 시작해야 한다.

반면, 여자아이는 이미 규칙화가 정착되어 있다. 그러므로 한 단계 더 나아가 규칙화의 품질 올리기를 목표로 잡는다.

또한 여자아이는 성실하므로 평소 많은 양을 처리하고 있다. 많은 양 처리를 당연시하는 것이 여자아이의 기본 자세다. 그래서 기초 학습 능력은 탄탄한데 많은 양만 소화하려고 해 어렵게 쌓은 기초 실력을 활용하지 못하는 아이도 있다.

역시 양에서 질로의 전환이 필요하다. 구체적으로는 얼마나 집중해 깊이 있게 공부할 수 있는가를 생각한다. 여자아이가 진지하게 집중하지 못할 때는 주변 요소가 강한 영향을 미치고 있는 것이다. 원래 조화를 중시하는 여성의 특징 때문인지 어린아이인데도 '친구는 어디까지 공부했을까?', '어떻게 선생님의 칭찬을 받을까?' 등 나쁘게 이야기하면 주위 사람의 눈치를 보며 신경을 쓴다.

여학생들은 주위 친구들과 비교했을 때 자신이 어느 정도 수준이라는 상대적 공부를 하므로 자신의 학습 능력에만 주목하고 이것을 성장시켜 나가는 절대적 공부가 잘되지 않는다.

여기서 여학생이기 때문에 고민되는 포인트가 있다. 남자아이보다 공부를 일찍 시작해 차이를 벌리며 앞으로 달려나가는 여자아이가 어이없는 부분에서 실수하는 것은 절대적 공부에 몰입할 수 없기 때문이다.

물론 우등생 친구의 뒤를 쫓으며 함께 성장해 나가는 긍정적 패턴도 있지만 실제로는 더 성장할 수 있음에도 적당한 위치에서 멈추어 버리는 경우가 많다. 여자아이의 경우, 이런 한계를 얼마나 뛰어넘을 수 있을지가 중요하다.

◆ 몰입할 수 있는 환경을 만들어준다

하지만 여자아이에게 주변 사람을 신경쓰지 말라고 말하면 오히려 역효과만 날 뿐이다. 여자아이는 원래 주변 환경 속에서 자신의 존재 가치를 발견하는 경향이 있으므로 이것을 부정하는 말은 존재 자체를 부정하는 것이다.

여자아이의 이런 특성을 이해하면서 조금이라도 자신의 공부에 몰입할 수 있는 환경을 만들어 주어야 한다. 이런 배려가 성공한다면 여자아이는 최강의 실력자가 된다. 처음부터 스타트를 빨리 끊었기 때문에 목표를 향해 그대로 전력질주한다. 그렇다면 여자아이가 집중할 수 있는 환경이란 무엇일까?

사실 이 부분이 어려운데 남자아이처럼 단순히 생각할 수는 없다. '차분하고 조용한 환경이라면 여기가 안성맞춤이다'라는 기준은 사람마다 다르므로 부모는 자녀가 좋다고 느끼는 환경을 정확히 파악해야 한다. 여기서도 평소 신뢰관계가 얼마나 구축되어 있는가를 묻지 않을 수 없다. 사실 여자아이의 경우, 엄마만 있는 한부모 가정에서 양육되는 아이가 입시에 강한 경향이 있다.

분명히 엄마를 위해 열심히 공부하자는 마음이 그 아이에게 동기부여가 된다고 생각한다. 또한 부모와 자녀 간에도 신뢰관계가 돈독하다면 그것만으로도 집중할 수 있는 환경이 될 수 있다.

이처럼 부모가 상상하는 최고의 환경이 반드시 자녀에게 최고가 될 수 있는지는 알 수 없다. 환경 만들기에 관해서는 뒤에서 상세히 설명하겠지만 부모의 시행착오가 요구된다.

◈ 집중하는 데 쾌적한 장소는 필수 조건

여자아이는 공통적으로 집착하는 부분이 있다. 우리 학원에도 방석이나 담요 등 자신의 애용품을 가져와 항상 책상 주변을 정리하는 일부터 시작하는 여자아이가 있다. 또는 필통이나 샤프 연필 등의 학용품도 귀여우면서 자신이 좋아하는 디자인을 갖고 싶어 한다.

이런 행동을 존중해주는 것도 좋지만 여자아이가 필요 이상으로 강하게 집착하는 모습을 보일 때는 주의가 필요하다. 이런 경향은 공부에 집중하는 것을 거부하기 시작하는 정신적 신호다. 아이가 발신하는 신호를 받아들이고 좀 더 다른 부분에서 쾌적한 환경을 만들어 주어야 한다. 또한 여자아이는 어질러지거나 더러운 장소를 싫어한다. 아빠가 소파에 널브러져 곯아떨어져 자는 거실에서 공부하기는 어렵다.

인간관계에 대한 통찰력도 있으므로 부모가 서로 데면데면하면 신경쓰여 집중력도 떨어진다.

그 밖에도 화장실이나 세면대 등 생활공간도 가능하면 깨끗이 정리해 준다. 이렇게 정리해 여자아이가 '아! 정말 싫다!'라고 느끼지 않도록 주의해야 한다. 이 부분에서 엄마의 세심한 감성이 필요하다. 우리 학원도 일상생활을 하는 집이나 익숙한 학교와 환경이 다르므로 좀처럼 공부에 집중하지 못하는 여학생이 있다. 남자아이가 이런 반응을 보인다면 쓸데없는 소리하지 말고 집중하라는 한 마디면 되지만 여자아이에게는 그렇게 말할 수 없다. 여자아이는 어떤 환경이 최고이고 그것을 위해 무엇을 해야 좋을지에 대해 한 명 한 명을 관찰해야 한다.

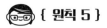 **{ 원칙 5 }**

여자아이의 균형적인 뇌를 조금만 무너뜨리자

◆ 못하는 과목은 친해지기를 멈추지 않을 정도로만

앞에서도 말했듯이 우뇌는 공간 인식 능력, 좌뇌는 언어 능력을 담당한다. 남자아이는 우뇌부터 먼저 발달하고 좌뇌의 성장이 늦는 데 반해 여자아이는 두 가지 뇌가 균형적으로 발달한다.

그래서 여자아이는 남자아이보다 빨리 말이 트이고 당연히 국어성적도 뛰어나다. 또한 좌뇌와 우뇌를 연결하는 뇌량이 남자아이보다 굵고 단단하며 좌뇌와 우뇌의 연결도 원활하다. 이런 뇌의 특성 때문에 여자아이는 여러 작업을 동시에 처리할 수 있다. 또한 공부 속도나 시험일까지 스케줄 짜기 등 전반적인 상황을 고려해야 하는 작업도 훌륭하게 처리한다.

단, 남자아이와 똑같은 수준으로는 우뇌가 발달하지 않았으므로 아무래도 공간 인식 능력이 떨어져 수학이나 이과 과목은 좋아하지 않는 경향이 있다.

뇌의 특성상 싫어하는 일을 좋아하라고 강요할 수는 없다. 포인트를 잘 잡아 어려운 과목과 친근한 관계를 맺도록 노력한다. 계획했던 개수만큼 계산 문제를 풀면 싫어도 수학 성적은 오를 것이다. 또 과학 중에는 여자아이가 자신 있어하는 암기 문제가 많다. 이렇게 무리해 공부하지 않는 범위 내에서 수학이나 과학과 친해지게 만든다.

여자아이가 수학과 과학을 모두 어려워할 때는 조금씩 성적을 올리는 것만으로도 큰 의미가 있다. 중요한 핵심은 친해지려는 노력을 멈추지 않는 것이다.

◈ 뛰어난 사회성이 여자아이를 피곤하게 만든다

신생아 조사 연구에서 남자아이와 여자아이는 눈으로 쫓는 대상이 달랐다. 남자아이는 사물을 쫓지만 여자아이는 사람에게 관심을 보였다. 우리 먼 조상들의 생활양식에 분명히 그 이유가 있을 것이다. 문명사회를 맞기 전 인류는 수렵과 채집생활을 영위했다. 남자들이 사냥을 나간 동안 여자들은 나무 열매를 모으고 육아하며 마을을 지켰다.

여자아이가 태어나면서부터 사람에게 흥미를 갖는 것은 마을을 지키려면 사람들과의 커뮤니케이션이 불가피하기 때문이다. 우수한 커뮤니케이션 능력은 장점이었지만 때로는 자신을 피곤하게 만들었다.

여성은 회사 업무 도중 실수하면 자신의 평가가 깎이는 것보다 주변 동료에게 민폐를 끼쳤다는 생각에 괴로워한다. 이런 기분은 자신이 속한 커뮤니티를 지키자고 생각하는 여성만 느끼는 감정이다. 초등학교 여학생도 마찬가지다. 여자아이는 어릴 때부터 부모의 기대와 주변 사람과의 관계 등 다양한 부담을 지고 그 무게에 눌려버린다. 나는 여자아이들이 주변을 의식하지 않는 둔감함을 더 키워야 한다고 생각한다.

◈ 여자아이는 무언의 동조 압력을 쉽게 느낀다

초등학교 고학년 여학생은 민감성이 싹트기 시작하며 성인으로 성장하는 계단에 한 발 올려놓은 상태다. 이 시기에 중학교 입시라는 중대사를 앞두고 여자아이를 학습시키는 데 어려움이 있다.

반면, 남자아이는 영락없이 어린아이다. 세상이 자신을 중심으로 돌아간다고 생각할 만큼 단순해 다루기 쉽다. TV에서 가끔 보면 중학교 입시를 앞둔 아이들에게 '필승!'이라고 쓰인 머리띠를 두르게 하고 파이팅을 외치며 기세를 올리려는 학원이 있다. 이 방법으로 100% 기합을 불어넣는 데 성공하는 것은 남자아이다.

여자아이에게 이렇게 하면 바보처럼 무슨 짓이냐며 질색한다. 역시 여자아이에게는 부끄럼 문화가 있으므로 여자아이의 성향을 무시하고 분위기를 띄우려는 시도는 무리다. 또한 여자아이는 남자아이에게는 없는 '주변 사람에게 동조해야 한다', '나만 눈에 띄는 행동은 삼가자'와 같은 의식이 강하다. 그래서 다른 여자아이들이 바보 같은 짓이라는 태도를 보이는데 자신만 "나는 할 수 있다. 파이팅! 파이팅!"이라고 외칠 수는 없다.

◈ 여자아이를 경쟁 원리로 부추기는 방법은 왜 역효과일까?

남자아이 10명을 모아 놓으면 누구나 그중에서 무조건 1등이 되고 싶어 한다. 남자아이는 꼴찌를 별로 부끄러워하지 않아 1등이 아니라면 2등부터는 꼴찌와 큰 차이가 없다고 생각한다.

반면, 여자아이의 희망사항은 '꼴찌는 되기 싫다'다. 1등까지는 바라지도 않고 중간보다 조금만 높으면 충분하니 꼴찌만 면하길 바라므로 꼴찌가 정해지는 경쟁 무대에 오르는 것을 싫어한다. 공부가 아니라면 남자아이는 야구나 축구 등 승패가 갈리는 스포츠를 좋아한다. 한편 여자아이가 좋아하는 예체능은 발레나 피아노처럼 자신의 성장을 가늠해 보는 종목이 많아 타인과의 사이에서 명백히 우열이 정해지는 상황에 익숙하지 않다.

그러므로 여자아이는 남자아이와 달리 시험 점수를 서로 맞춰보는 것도 싫어하고 자신이 어느 정도 공부했는지 친구들과 나누고 싶어하지 않는다. 그래서 전날 열심히 공부했으면서도 "공부를 하나도 못했어. 어쩌면 좋아."라며 엄살 부리는 여학생이 있는 것이다. 이처럼 실패와 패배를 모두 피하고 싶어하는 심리는 여자아이에게서만 나타난다. 그러므로 여자아이에게 경쟁원리로 부추기는 방법은 부적합하다.

◆ 여자아이가 별난 물건에 집착하면 위험 신호다

나는 아이들의 소지품을 주의 깊게 살펴본다. 남자아이 중에 가방 속을 깔끔히 정리하고 다니는 아이는 0.01%다. 초등학생 단계에서 정리 습관이 제대로 되어 있다면 공부도 당연히 잘한다.

반면, 가방 속이 엉망진창인 여자아이는 거의 없다. 오히려 여자아이가 소지품에 신경 쓴다면 너무 예쁜 물건들만 있는 것은 아닌지 주목해야 한다. 원래 여자아이는 디자인이 귀여운 문방구를 좋아해 캐릭터가 그려진 펜이나 화려한 동전 지갑 등을 애용한다. 그 정도는 봐줄 수 있다. 단, 종류가 필요 이상 많아 마치 컬렉션 같거나 필통이 너무 깔끔히 정리정돈 되어 있다면 공부에 집중하지 못하고 있을 가능성이 크다.

가방 속 소지품이나 문방구는 당연히 정리정돈하는 것이 좋지만 정리정돈은 목적이 아닌 수단일 뿐이다. 어른들 중에도 수단으로 도피하면서 뭔가 해냈다고 착각하는 경우가 많다.

　　너무 깔끔한 소지품은 여자아이가 보내는 중요한 신호다. 남자아이는 궁지에 몰리거나 공부가 즐겁지 않으면 바로 표정에 나타나지만 여자아이는 자신의 기분을 감추려는 경향이 있어 부모가 신호를 눈치 챘을 때는 상당히 중증으로 발전한 경우가 많다. 중증으로 악화되면 회복까지 오랜 시간이 걸린다. 그렇게 되지 않도록 재빨리 신호를 캐치해야 한다.

제3장

지식을 연결할 수 있는
14가지 사고 토대 다지기

사회 진출 후에도 여전히 사고력이 요구되지만 원래 사고력이라는 스킬은 없다. 자신의 머리로 생각할 수 있으려면 생각하기 위한 기초 학습 능력이 필요하다.

그렇다면 지식, 어휘, 경험, 독해력 등 사고의 토대가 되는 요소들을 어떻게 효과적으로 체득할 수 있을까?

사고력은
지식의 양에 비례한다

우리 학원에서는 기초 학습을 철저히 반복시킨다. 중학교 입시에는 기초 학습 능력만으로는 손댈 수 없고 생각해 풀어야 하는 문제도 많이 출제되므로 기초만 하지 말고 좀 더 생각하는 힘을 길러야 한다며 걱정하는 부모님도 있다.

그러나 지금까지 설명했듯이 사고력은 기초 지식이 축적되어야만 비로소 생기는 힘이다. 글자를 모르는 아이에게 어려운 책을 읽게 하거나 훌륭한 논문을 쓰라고 할 수 없듯이 기초 지식이 축적되어 있지 않은 아이가 사고력을 연마할 수는 없는 것이다. 아이들에게 기초 지식이 이미 아는 지식이라면 사고력은 미지의 지식이다. 참고서의 내용을 많이 기억하고 자신만의 지식을 늘려도 미지의 지식을 바로 이해할 수는 없다.

처음 보는 그래프가 시험에 나오면 "뭐야, 이거? 나는 모르는 세계다"라며 당황한다. 그러나 지금까지 공부해 온, 이미 알고 있는 여러 지식 요소들을 조합하면 문제 속 그래프의 의미를 이해할 수 있게 된다. 지금까지 한 번도 풀어본 적 없는 미지의 문제도 이미 알고 있는 지식의 일부를 꺼내 사용한다면 풀 수 있다.

하지만 기초 지식 양이 부족하면 이런 문제는 아무리 들여다봐도 풀 수 없다. 사고력은 각 지식을 유기적으로 연결하는 능력이다. 연결하는 선만 길고 강하게 만드는 노력은 무모하고 점인 지식을 늘리는 노력이 우선시 되어야 한다. 점이 많으면 짧은 선도 더 많이 연결해 나갈 수 있기 때문이다.

아이는 문자보다
대화에서 지식을 얻는다

사고력의 원천인 지식을 참고서 등의 학습 교재에서만 얻는다고
할 수는 없다. 책은 물론 만화나 애니메이션, 영화 등을 통해서도 조금
이나마 다양하고 폭넓은 지식을 늘릴 수 있어 이것을 통해 아이의 사고
력은 더 성장한다.

여자아이는 TV 드라마에 빠지면 공부에 소홀해질 수 있으므로 휴
식 시간에는 TV 시청 대신 독서를 권하는 것이 바람직하다. 가정에서
의 대화도 아이가 폭넓은 지식을 늘리는 데 매우 중요하다. 정치나 경
제부터 전 세계 이슈와 사건까지 하찮은 가십을 포함해 부모와 이야기
나누며 자녀의 지식 양은 많이 늘어난다.

초등학생 여자아이는 아직 글자 읽기를 어려워하니 대화를 나누
며 지식 스위치를 켤 수 있다. 특히 여자아이는 엄마와의 수다를 통해

세상에서 일어나는 많은 일을 배운다. 요리, 멋 부리기, 어른으로서의 매너 등 주제는 뭐든 좋으니 자녀가 모르는 지식을 조금씩 섞어가며 이야기 나누길 바란다.

물론 아빠도 무관심하면 안 된다. 여자아이에 대해서는 잘 모른다며 뒤로 도망치는 태도는 전혀 아빠의 역할을 다한다고 할 수 없다. 직장 일이나 취미 이야기도 좋으니 함께 이야기 나눈다. 단, 딸은 회사 여직원이 아니라는 사실을 잊지 말아야 한다. 가족으로서 공감을 바탕에 두고 아이가 알고 싶어하는 내용을 들려주어야 한다.

효율적인 암기법으로
사고력을 연마한다

모순적인 말 같지만 암기가 특기인 아이는 가능하면 암기를 피하려고 한다. 최대한 암기 양을 줄여 효율을 높이려고 하기 때문이다. 그들은 외워야 할 항목이 100개라면 100개 그대로 통 채 암기하지 않고 각 내용에 자신만의 의미를 부여해가며 외운다.

예를 들어, 임진왜란 때 행주산성에서 조선군이 왜군에 맞서 승리한 것은 부녀자들이 행주치마에 돌을 나르며 합심한 덕분인데 행주와 행주산성을 연결해 역사적 사건들을 관련지어 외우려고 한다.

영어 단어를 외울 때도 접미사 'spect'는 'see(보다)'라는 의미이므로 respect는 '다시 보다' 즉 '존경하다'라는 뜻이 되고 prospect는 '앞을 보다'이니 '예상하다, 전망하다'라는 뜻이 된다는 원리를 깨달으며 의미를 생각하고 외운다. 연상식 공부법이야말로 사고력과 직결된다.

전에 우리 학원 아이들이 한자에 대해 나누는 이야기를 우연히 들은 적이 있다. 한 아이가 "만화(漫畵)의 '만' 자에는 왜 삼수변이 붙었지?"라고 묻자 다른 아이가 "만화를 읽으면 웃게 되고 침도 튀니까."라고 대답했다. 진위를 떠나 그 대화를 통해 그 자리에 있던 아이들은 '만화의 '만' 자는 삼수변'이라는 사실 하나만큼은 확실히 기억할 것이다. 사고력은 이런 것이다. 심각한 얼굴로 고민하며 대단한 일을 해야 하듯이 어렵게 생각할 필요가 없다.

영어 성적은
국어 실력으로 오른다

현재 영어는 초등학교 3학년 때부터 정식 과목이다. 국제화 시대를 사는 학부모는 자녀의 영어 실력에 큰 관심을 보이며 영어 성적이 좋지 않으면 '우리 아이는 영어 실력이 없는 건가?'라며 매우 걱정한다. 솔직히 영어 성적이 나쁘면 영어 실력이 부족하다는 말이지만 처음부터 긴 문장을 독해할 수 없는 것은 국어 실력 부족 때문이다.

사실 영어 장문 독해를 했을 때 엉뚱한 답을 쓰는 중학생은 문제를 모두 국어로 번역해 출제해도 답을 이상하게 쓰기는 마찬가지다. 즉 그들은 국어를 제대로 이해하지 못하고 있다는 말이다.

이처럼 중학생에게 국어 학습을 시키면 그와 연동되어 영어 성적이 올라가는 경우가 종종 있다. 초등학생도 여러 과목이 연동되어 있다. 과학 문제를 못 푸는 아이를 잘 관찰해보면 과학을 말하기 전

애당초 국어 실력이 없어 문제의 의미를 이해하지 못한다는 것을 알 수 있다.

이처럼 부족한 과목은 한쪽 면만 보고 접근하지 말고 다른 과목과의 연동성도 검토해야 한다. 특히 아버지들은 사고력을 이과 과목 능력이라고 굳게 믿는데 이런 생각은 편견이고 여자아이가 잘하는 국어 독해력을 성장시키면 충분히 사고력을 키울 수 있다.

지리산을 등반할 때도 노고단 코스, 중산리 코스, 피아골 코스처럼 여러 길이 있듯이 아이가 자신에게 꼭 맞는 등반 코스로 가는 것을 허락해주면 여자아이는 '엄마, 아빠가 나를 이해해주고 있다'라고 안심하고 찬찬히 생각하는 힘을 키워 나간다.

독해력은
듣기만 해도 향상된다

우리 세대는 어릴 때 《소년 점프》와 같은 만화책을 좋아했다. 순정 만화뿐만 아니라 소설에 빠진 동급생 여학생도 많았다. 이 책을 읽는 부모님들도 마찬가지일 것이다. 그러나 요즘 아이들은 동영상 세대이 므로 만화의 글자조차 읽기를 귀찮아한다.

초등학교 교사도 지적했듯이 부모세대 아이들보다 현재 아이들은 국어 실력이 현저히 낮다. 일상생활에서는 대화 위주로 의사소통하므로 부모는 자녀의 치명적인 국어 실력 부족을 눈치채지 못하고 있다.

결국 과학이든 수학이든 모든 문제는 국어로 출제되므로 국어 독 해력이 없으면 실력을 겨룰 수 없다. 실제로 어떤 답을 요구하는지 문 제를 읽고 이해하는 데 시간이 걸리거나 처음부터 무엇을 요구하는지 이해하지 못해 점수차가 벌어지는 아이들이 많다.

시부야 중학교에서 출제한 과학 문제가 아래에 소개되어 있다. 과학을 아무리 잘해도 국어 실력이 없으면 읽고 이해할 수 없다는 것을 알수 있다. 국어 문장 읽기 실력을 높이기만 하면 국어 이외의 성적도 오르는 것은 틀림없다.

독해력이 부족한 아이들이 실력을 쌓을 방법은 무엇일까? 영어를 거의 이해하지 못하는 사람에게 영자신문을 주면 던져 버리듯이 갑자기 긴 문장을 읽게 시킨다고 효과를 볼 수는 없다.

우선 짧은 문장을 제대로 읽고 이해시키는 작업을 여러 번 반복할 수밖에 없다. 이때 중요한 것은 가정에서의 대화다. 글자를 눈으로 보고도 이해하지 못하는 아이에게는 귀에 들리도록 여러 단어를 사용해 반복해 이야기해주고 이해하지 못하는 것 같으면 설명해주고 단어의 종류를 점점 늘리고 수준을 올리면 자녀의 어휘 실력도 자연스레 향상된다.

〈**도표 4**〉 국어 실력이 없으면 과학 지문을 읽어낼 수 없다.

1. 다음 글을 읽고 아래 문제에 답하시오.

바다거북은 바다에서 생식하는 대형 거북으로 전 세계에 7종이 서식합니다. 일본 근해에서는 붉은바다거북과 푸른바다거북 2종이 자주 관찰됩니다. 수족

관이나 바다 다이빙에서 인기 있는 바다거북이지만 대다수 종은 멸종 우려가 있습니다.

멸종 위기의 생물을 지키기 위해서는 그 생물의 생태정보(어떤 장소에서 생활하는가, 무엇을 먹는가, 수명은 얼마인가, 몇 살 때부터 번식이 가능한가, 폐사 원인은 무엇인가 등)를 명확히 밝혀야 합니다. 바다거북이라는 생물에 대해 깊이 알면 인간은 적절한 바다거북 보호 활동을 실행할 수 있습니다.

바다거북 생태정보는 어업 활동 도중 실수로 포획된 바다거북이나 해안으로 떠밀려온 바다거북의 사체 등을 조사해 얻을 수 있는데 그중에서도 산란하기 위해 상륙한 바다거북은 소중한 정보원입니다. 바다거북은 야간에 산란하기 위해 상륙해 바닷가 모래에 '산란 둥지'라는 구멍을 파고 그 안에 산란합니다.

바다거북은 1시간 동안 약 100개의 알을 한 번에 낳습니다. 산란 도중의 바다거북은 난폭해지거나 도망가지 않으므로 등껍질의 길이를 측정하거나 산란한 알의 개수를 세어볼 수 있습니다. 산란 후 바다거북은 산란 둥지의 구멍을 메우고 바다로 돌아갑니다.

바다거북의 알은 약 2개월 후 부화하는데 새끼바다거북이 나옵니다. 새끼바다거북은 밤이 되면 산란 둥지에서 탈출해 바닷가 모래 위로 나옵니다.

산란 둥지에서 탈출한 새끼바다거북은 '프렌지'(Frenzy; 모래에서 탈출한 직후 일정 시간 동안 앞다리를 매우 활발히 움직이는 운동)라는 흥분기에 들어가 네 다리를 활발히 움직여 모래에서 바다로, 다시 연안에서 먼바다로 탈출합니다.

이 흥분기는 하루 동안 지속됩니다. 이 '프렌지' 흥분기 덕분에 새끼바다거북은 물고기나 바닷새와 같은 포식자가 많이 사는 연안에서 최대한 빨리 탈출할 수 있다고 여겨집니다.

바다거북에게 일본은 북태평양상의 소중한 산란지입니다. 특히 붉은바다거북은 지바현부터 오키나와현까지 태평양 연안 넓은 지역에 산란 중임이 보고되고 있습니다.

이 지역에서는 지역주민 등을 중심으로 바다거북 보호 활동이 활발히 진행 중인데 그 대표적 활동 사례로 '바다거북 방류'가 있습니다.

이것은 인간이 바다거북의 알을 일단 회수해 인공부화시키고 일정 크기까지 키운 후 새끼바다거북을 파도와 파도 사이의 물결에 방류해 바다로 돌려보내는 방식입니다. 이 방식은 바다거북을 알부터 새끼바다거북까지 무사히 성장시킬 수 있는 반면, 큰 문제점이 지적되고 있습니다.

〈문제 1〉 생물을 분류할 때 바다거북과 가장 가까운 생물을 골라 기호로 답하시오.

    ㄱ. 참개구리   ㄴ. 영원   ㄷ. 일본 장수도룡뇽   ㄹ. 돗물뱀

    ㅁ. 일본 도마뱀붙이

〈문제 2〉 갓 부화한 새끼거북은 온도가 올라가면 활동이 둔해진다고 합니다. 이것은 새끼거북에게 어떤 이점이 있다고 생각합니까? 적절한 답을 골라 기호로 답하시오.

    ㄱ. 차가운 바닷속 생활에 미리 적응할 수 있다.

    ㄴ. 생존에 불리한 여름에 부화하는 경우가 없어진다.

    ㄷ. 포식자가 많은 낮시간에 모래에 나오는 경우가 없어진다.

    ㄹ. 산란 둥지 안의 온도가 일정 이상으로 올라가지 않게 된다.

〈문제 3〉 바다거북은 산란할 때 암수가 아직 결정되어 있지 않습니다. 바다거북의 암수는 산란 둥지 안의 온도에 의해 결정됩니다.

    (1) 그림 2는 산란 둥지 안의 온도와 그 산란 둥지에서 나온 새끼거북 중 암컷 새끼거북의 비율을 나타낸 것입니다. 그림 2를 기본으로

생각했을 때 바다거북의 성은 몇 ℃ 이상 되어야 암컷이 된다고 생각합니까? 그 온도를 적으시오.

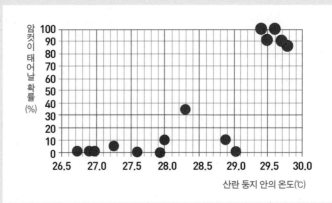

<그림 2> 산란 둥지 안의 온도와 암컷이 태어날 확률

※ Maxwell et al.(1998)을 기반으로 작성

(2) 오키나와의 모래사장은 산호의 사체가 부서져 만들어진 산호모래이므로 부화한 새끼거북의 성은 오키나와의 모래에서는 수컷이 많지만 혼슈섬의 모래에서는 암컷이 많습니다. 산호모래인 오키나와의 모래사장에서 수컷 새끼거북이 많이 태어나는 이유를 답하시오.

<문제 4> 먼바다에 나온 새끼거북은 해류를 타고 이동합니다. 그동안 새끼거북은 프렌지 상태와 반대로 앞발과 뒷발을 거의 움직이지 않습니다. 이것은 새끼거북에게 어떤 이점이 있을까요? 적절한 답을 골라 기호로 답하시오.

ㄱ. 포식자에게 발견되기 어렵다.

ㄴ. 먹이를 발견할 가능성을 높여준다.

ㄷ. 높은 체온 상태를 유지할 수 있다.

ㄹ. 목적지에 확실히 도착할 수 있다.

〈문제 5〉 지문의 밑줄 친 부분처럼 새끼거북을 어느 정도까지 키운 후 방류하면 새끼거북은 어떤 위험에 노출될까요? 지문을 잘 읽고 답하시오.

2017년 시부야 교육학원 시부야 중학교
(기출문의 일부를 편집해 이 책의 용도로 개정했음)

이렇게 귀로 들어 아는 단어는 눈으로 봐도 쉽게 머리에 들어오고 결국 문장으로 이해할 수 있게 된다. 부모가 읽어주는 방법도 효과적이다. 그림책이 아닌 취미로 읽는 책도 좋은데 자녀가 흥미를 보이는 문장을 부모가 읽어준다. 이때 읽는 부분을 손가락으로 가리키면 아이의 생각 속에서 듣고 있는 소리와 보고 있는 글자가 연결된다.

아이가 읽고 싶어하는 책을 읽게 해준다

    TV나 동영상처럼 화면에서 정보가 들어오는 도구와 달리 책은 자신이 읽고 해석하는 힘이 필요하다. '비가 추적추적 내리고 있다.'라는 문장을 읽으면 구체적인 광경을 영상으로 보는 것이 아니므로 직접 상상할 수밖에 없다. 이처럼 독서는 아이들에게 사고력을 키워주는 최고의 도구인데 요즘 아이들은 활자에 익숙하지 않다. 활자에 취약한 아이들에게 독서 습관을 익히게 하려면 아이가 흥미를 갖고 읽고 싶어하는 책을 제공하는 것이 가장 좋다.

    그렇다고 갑자기 학술적인 책을 선택하는 부모가 많다. 벌레에 흥미가 없는 여자아이에게 《파브르 곤충기》 등의 고전을 건넨다면 분위기가 가라앉고 과학을 더 싫어하게 될 것이다. 국어가 특기인 여자아이지만 독서를 싫어하면 불리하다. 먼저 활자에 대한 저항 없애기를 목표로 아이가 읽고 싶어하는 책을 손에 쥐여준다. 또한 고학년으로 올라갈 수록 아이마다 가지고 있는 읽기 수준과 배경지식, 흥미가 다르므로 학년별 권장도서에 집착하지 않는 것이 좋다.

경험의 양과 사고력은
비례한다

사고력이란 무엇일까? 좋은 말로 하면 뭔가를 창조하는 힘이지만 사실 나는 여러 선택지 중에서 올바른 답을 골라내는 힘에 가깝다고 생각한다. 아무것도 아닌 것에서 제로 원(0에서 1을 낳는 창조와 혁신)으로 새로운 아이디어를 생각해내는 작업은 어른들에게도 어려운 일이다.

대부분 아이디어는 과거에 배운 지식을 효과적으로 연결하는 데 지나지 않는다. 또는 몇 가지 경험을 해나가는 과정에서 'A로 잘되지 않았으니 분명히 B나 C일 것이다', 'B도 잘되지 않았으니 분명히 C다'로 귀결된다.

이처럼 과거 경험을 연결하거나 취사선택하는 과정이 사고력이다. 즉, 경험을 쌓는 과정이 사고력의 모체가 되는 이유다. 맛있는 요리를 만드는 요리사는 식재료와 조미료를 써본 경험이 많을 뿐만 아니라

맛있는 요리를 맛본 경험도 풍부하다.

그러므로 평소 가정에서도 자녀에게 다양한 경험을 쌓게 해주는 것이 중요하다. 경험은 거창한 여행 같은 대형 이벤트일 필요는 없고 배드민턴이나 캐치볼과 같은 공놀이나 세차, 화장실 청소, 빨래 널기 등 집안일도 좋다.

이런 경험이 많이 쌓이면 평소 접할 수 없는 단어를 기억하고 생각하는 토대가 될 수 있다. 식사 후 설거지할 때도 처음에는 요령이 없겠지만 여러 번 하다 보면 '아! 이렇게 하면 더 효율적으로 할 수 있구나!'라고 아이 나름대로 이해하게 된다. 이런 일상 속 경험이 쌓이면 전혀 다른 상황에서 생각의 도구가 되기도 한다.

실수를
가시화한다

수학 계산 하나만 봐도 남학생과 여학생은 푸는 과정이 다르다. 남학생은 일단 손으로 계산하면서 "아, 틀렸네!"라며 시행착오를 반복하며 정답에 도달하는 방법을 좋아한다. 무조건 쓰면서 문제를 풀기 때문에 틀렸던 흔적도 남기고 정답 도달 과정을 눈으로 보며 배울 수 있다.

반면, 여자아이는 성격상 프린트물을 꾸깃꾸깃 더럽히거나 자신의 실수를 기록으로 남기고 싶어하지 않는다. 그래서 먼저 머릿속에서 이런저런 길을 찾아보고 "대충 이쪽으로 가면 되겠네."라는 생각이 들면 비로소 연필을 들고 깔끔히 마무리한다.

이렇게 문제를 풀면 깔끔하지만 정답에 도달하는 과정이 기록으로 남지 않는다. 단, 여자아이도 가시화의 중요성은 충분히 이해하고 있다. 이해는 하지만 프린트물이 더러워지거나 거기에 자신이 틀렸던 기록이 남는 것을 싫어해 남자아이와 같이 단순한 가시화는 좀처럼 잘 되지 않는 것이다.

그래서 여자아이에게는 틀려도 괜찮다, 틀린 흔적을 남겨도 부끄러운 것이 아니라고 말해주어야 한다. 그렇지 않으면 머릿속으로만 정답을 만들어 내려는 한계에서 벗어나 앞으로 더 성장할 기회를 잡기 어려워진다. 여자아이는 친구에게 지저분한 프린트물을 보여주는 것을 싫어하므로 이 부분을 개선하려면 가정의 역할이 중요하다.

신뢰관계가 구축되어 안심할 수 있는 환경에서 틀린 과정을 가시화하고 한 단계 앞으로 나아가는 학습이 되도록 도와주어야 한다.

효율적인 아웃풋에는 습관이 필요하다

어른들의 상상 이상으로 아이들은 아웃풋을 어려워한다. 문제풀이의 재료는 충분한데도 그것들을 어떻게 사용할지 결정하는 능력이 부족하다. 또한 아이의 머리는 변비 상태다. 그들은 들어와 있는 것은 알겠지만 이 지식이 어디 있는지 몰라 끄집어낼 수 없는 상태다. 중학교 입시에서는 주어진 시간 안에 필요한 지식을 효율적으로 꺼내야 하는데 그러기 위해서는 몸에 익힌 습관만큼 효과적인 것도 없다.

평소 모의고사를 많이 치러보고 인풋한 지식을 아웃풋하는 연습을 반복한다. 모의고사를 볼 때는 단순히 높은 점수를 받는지 아닌지에 일희일비하지 말고 아이의 머릿속의 아웃풋 능력에 변화가 일어나는지, 효율적으로 필요한 지식을 끄집어내는 경험이 쌓이는지 아닌지에 주목해야 한다. 지식을 아웃풋하면 뇌는 그것을 중요한 정보로 파악하고 장기기억으로 보존해 현실에서 활용할 수 있게 된다. 이것이 뇌과학의 법칙이다.

차이를 벌리는
시간 관리와 마무리 속도

사고력의 파트너 개념은 처리 능력이다. 비즈니스에서도 기발한 아이디어를 내는 데 뛰어난 사람이 있는 반면, 사무적인 업무를 뚝딱 쉽게 처리하는 능력을 가진 사람도 있다.

단, 사고력이 있는 어른은 대부분 처리 능력도 높아 필요에 따라 구분해 사용하는 경우가 많다. 어느 한쪽 능력이 탁월하다고 할 만큼 뛰어나지 않은 한, 어른 세계에서는 이 두 가지 능력이 모두 필요하다. 스포츠도 마찬가지다. 축구 전술이 아무리 뛰어나더라도 자신에게 패스된 공을 능숙하게 처리할 수 없다면 경기에서 기술을 써먹을 수 없다. 아이도 뛰어난 사고력이 있더라도 처리 능력이 없어서 시험에서 좋은 결과를 얻지 못하는 안타까운 경우가 종종 있다. 답만 잘 썼어도 합격했을 아이들이다. 그들은 시간 관리와 마무리가 잘 안 되고 있다. 단,

처리 능력은 후천적 습관을 들일 수 있고 사고력보다 노력으로 향상시킬 기회가 있다.

나다 중학교 입시는 이틀 동안 치러진다. 첫날은 참고서의 문제들을 무조건 빨리 푸는 처리 능력을 평가하고 둘째 날은 사고력을 평가한다. 이렇게 짝을 이룬 두 가지 능력의 합계점을 구해 당락을 결정한다. 그 외 일반 중학교 입시에서는 두 가지 요소가 좀 더 애매하게 섞여 있지만 어느 쪽이든 주어진 시간 안에 필요한 내용을 구분해 사용하지 못하면 시험을 볼 수 없다.

그래서 사고력을 논하기 전 처리 능력을 몸에 익혀 두는 것이 중요하다. 특히 시험에서는 처리 능력을 물어보는 문제가 많이 출제된다. 모의고사 등으로 경험을 쌓거나 부모가 시간을 정해 몇 가지 문제를 풀게 한 후 시간 배분과 마무리를 평가해 보는 것도 좋은 방법이다.

집안일은 마무리 능력을 연마하는
최고의 학교다

원래 여자아이는 성실해 정해진 시간을 지키면서 마무리 지으려고 하며 대충 처리하지 않고 꼼꼼히 하나하나 끝내려는 경향이 있다. 단, 실제로 입시를 치를 때는 한정된 시간 안에 단 1점이라도 더 얻어야 하므로 더 실천적이고 과감한 마무리 능력을 체득하길 바란다.

이제 엄마가 출격할 때다. 슈퍼마켓에서 장을 보거나 요리, 청소 등 가사 전반을 통해 마무리 능력을 배우게 만들어야 한다. 엄마에게 집안일은 이미 습관으로 자리 잡아 깊이 생각하지 않고도 처리할 수 있지만 냉장고에 남은 식재료를 머릿속에 떠올리면 얼마나 낭비 없이 영양 균형을 맞추어 요리할지 생각하고 슈퍼마켓에서는 우선 채소와 조미료를 카트에 담고 신선도가 생명인 생선은 마지막에 구입하는 고도의 쇼핑 전략을 세운다.

조리할 때도 "7시 정각에 따뜻한 상태로 먹게 하자."라는 계획을 짜고 시간을 의식하며 여러 화구를 사용해 온갖 요리를 만들어 낸다. 이런 행동을 보면 '대박!'이라는 감탄사가 저절로 나오는 마무리 능력을 발휘하고 마무리 능력은 어른이 되었을 때의 생활 면은 물론 시험 당일에도 틀림없이 요구되므로 함께 요리하면서 양파를 먼저 썰고 지금 냄비에 불을 켜는 이유를 가르쳐 준다.

물론 일일이 잔소리하며 마땅찮은 눈으로 바라본다면 아이도 싫어할 것이다. 놀이하는 기분으로 엄마와 함께 장을 보고 요리할 수 있다면 잠시 머리를 식힐 수 있을 뿐만 아니라 훌륭한 마무리 능력을 몸에 익힐 수도 있다. 이때 중요한 것은 일부만 시키면 소용없다는 점이다. "○○아! 오이 좀 썰어줘."라며 다른 식탁에서 오이를 자르게 하면 언제까지나 미크로(micro)한 심부름일 뿐이다.

매크로(macro)한 일을 보여주고 지금 하고 있는 일이 전체적으로 어떤 의미가 있는지 생각해보게 하지 않으면 마무리 능력은 내 것이 되지 않는다.

이과 과목에 자신 없어하는
여자아이를 위한 비책

    아이에게 집안일을 도우라고 할 바에 공부를 더 시키고 싶다고 생각하는 부모도 있다. 사실 엄마 자신은 못 느끼겠지만 집안일에는 이과 요소가 많이 포함되어 있다. 그래서 이과 과목에 자신 없어하는 여자아이에게 가사는 엄마와 즐겁게 수다를 떨며 개념을 몸에 익힐 소중한 기회라고 할 수 있다.

    예를 들어, 요리할 때는 각종 식재료를 부엌칼로 썬다. 이때 아무 생각 없이 칼질하는 것이 아니라 "두부를 이런 식으로 비스듬히 썰면 표면은 어떤 모양이 될까?"라는 식으로 아이와 함께 생각해가며 음식 준비를 할 수도 있다.

    입체적인 모형의 잘린 단면을 평면으로 프린트한 그림으로만 이해하려고 하거나 보이지 않는 부분에 보조선을 그린 그림을 본다고 보지만 공간 개념이 부족한 여자아이의 뇌는 힘들어한다. 하지만 일상적으로 집안일을 하면서 경험을 쌓으면 이미지가 손에 잡힌다. 이것을 위해서라면 된장국에 들어가는 두부를 삼각형 모양으로 썰어도 상관없다.

　가열하면 고형 조미료가 녹거나 조미료를 넣었을 때 끓는점이 변하는 현상도 모두 이과 요소다. 빨래를 건조대에 널 때 빨래의 크기나 무게를 생각하지 않으면 균형을 잡을 수 없다. 얼마나 균형을 잘 잡아 빨래를 말릴 수 있는지 생각해보면 이과 과목에 유리한 사고를 연마시킬 수 있다. 엄마도 분명히 이과 과목은 어려웠을 것이다. 그래서 엄마와 딸이 엉뚱한 일을 벌일지도 모르지만 그래도 괜찮다. "엄마, 뭐야. 틀렸잖아."라며 박장대소를 터뜨리며 배우는 기회를 아이에게 선물해주길 바란다.

자녀가 결정하고
부모는 지켜본다

생각하는 작업에서 가장 중요한 과정은 결단이다. 비즈니스에서도 생각하고 또 생각한 끝에 결국 이 방법밖에 없다고 결론내렸지만 마지막까지 결단을 내리지 않는다면 지금까지 했던 생각들은 헛수고일 뿐이다.

그런데 집단 의사를 중시하는 일본 사회에서는 어른이 되어서도 좀처럼 결단을 내리지 못한다. 어린아이라면 더 큰 일이다. 하지만 그렇다고 중요한 결정을 내릴 기회를 아이에게서 빼앗으면 안 된다. 중학교 입시를 보면서 한창 문제를 푸는 도중은 물론 아이들의 장래를 위해서도 의사결정 속도를 향상시키는 것은 매우 중요하며 이 능력은 경험을 쌓지 않으면 몸에 익힐 수 없다.

미로에서 놀고 있는 아이에게 "그쪽이 아니야."라고 귀띔해 주었다면 어떻게 될까? 아이는 길을 선택해 결단할 수 없다. 잘못된 길이라도 아이가 그 길을 가기로 결단했다면 지켜봐 주는 여유가 필요하다.

강물에 빠져 목숨이 위태로운 상황도 아니고 시간이 걸리거나 자녀 스스로 지쳐 나가떨어질 정도라면 자녀의 시행착오도 중요한 경험이 되기 때문이다. 절대금물인 행동은 무엇이든 부모가 결정하며 "그것 봐! 역시 엄마 말대로 하면 되잖아."라며 거듭 생색내는 태도다. 이런 식이라면 자녀는 스스로 결정하는 힘을 전혀 기를 수 없다.

요즘 초등학교에서는 배뇨 타이밍을 못 잡고 어느 순간까지 참을 수 있을지 몰라 수시로 화장실을 들락거리는 아이들이 늘었다. 이것도 엄마가 "이제 화장실에 다녀와라."라고 일일이 지시했기 때문이다. 화장실에 가는 시간은 자신이 아닌 엄마가 결정한다고 생각하는 아이들이 늘었다는 웃지 못할 이야기다.

여자아이에게 결단력은 별로 중요하지 않다며 안이하게 생각하면 안 된다. 여자아이의 인생은 남자아이보다 선택의 기회가 훨씬 많다. 결과가 어떻든 스스로 선택했다면 납득할 수 있지만 "엄마가 말한 대로 했는데 이게 뭐야!"라며 지시받은 대로 결정했지만 결과가 좋지 않을 때는 본인이 납득하지 못한다. 그런 인생을 걷지 않도록 어릴 때부터 결단력을 길러 주어야 한다.

여자아이는 결단의 의미를
훨씬 더 잘 이해한다

생각해 결단하는 힘이 남자아이에게 더 많을 것 같지만 초등학생 단계에서는 여자아이에게 더 많다. 단, 자신이 옳다고 생각하는 것을 선택하는 남자아이와 달리 여자아이는 최선(最善)이 아니더라도 차선 (次善)을 선택하는 경향이 있고 원래 남자아이보다 선택할 기회가 많아 선택하는 것이 피곤하다.

스티브 잡스가 항상 검은 옷을 입었던 것은 옷을 선택하는 고민을 줄이기 위해서라고 말한 적이 있다. 할 수만 있다면 '나도 그러고 싶다' 라고 생각하는 부모도 많을 것이고 남자아이는 그냥 놔두면 며칠씩 같은 옷을 입는다. 하지만 여자아이는 그렇지 않다. 옷 선택부터 머리 모양, 가방에 들어가는 파우치까지 "오늘은 어떻게 할까?" 고민하고 스스로 결정한다.

이런 결정이 즐거울지 모르겠지만 때로는 고통스럽다는 사실을 엄마라면 잘 알 것이다. 인간관계도 남자아이들은 "다 함께 축구하자."로 끝나지만 여자아이는 그룹이나 친구 선택부터 할 이야기까지 초등학생 단계에서 이미 결정을 내리고 있다.

그래서 여자아이는 결정하라고 하면 결정할 수 있다. 단, 결단 피로 상태이므로 남자아이처럼 자신이 직접 결정하고 싶다는 주장을 겉으로 강하게 드러내지 않는다. 이것을 보고 스스로 결정하지 않는다고 잘못 해석하면 안 된다. 여자아이에게 바람직한 태도는 '빨리 혼자 결정해라'도 '어른에게 맡기자'도 아니라 스스로 결정하는 사안을 주변 사람이 공감해주고 지켜봐 주는 환경을 만들어주는 것이다.

선택할 때의 긴장감을 완화시키고 여유를 갖게 하고 잘못된 선택을 하더라도 대수롭지 않게 넘길 수 있게 도와주어야 한다. 구체적으로 "○○가 내릴 결정을 응원해."라는 자세를 견지하며 분명히 잘못된 경우에는 "어쩌면 이쪽은 위험할지도 모르겠네.", "실패할지도 모르지만 안 되더라도 다시 하면 되니까 걱정마."라며 함께 생각해주는 자세를 보여준다.

You can do it

제4장

숨은 의욕을 끄집어내는
여자아이의 목표 수립 기술

여자아이는 남자아이보다 공부 계획을 잘 세우는 특기가 있다.

그렇다고 잘한다며 그냥 지켜보기만 하면 안 되고 여자아이가 계획을 완벽히 수행

하기 위한 동기부여와 환경을 만들어주어야 한다.

이번 장에서는 부정적 사고에 빠지기 쉬운 여자아이의 특성을 긍정적으로 전환시

키는 로드맵 작성법을 소개한다.

우등생일수록
세심한 계획을 세운다

우등생들을 보면 남자아이와 여자아이의 계획 세우는 방법이 완전히 다르다는 사실을 알 수 있다. 남자아이는 제대로 계획을 세우지 않지만 여자아이는 스스로 완벽한 스케줄을 짠다.

초등학생 여자아이는 결단력이 있어 언제 무엇을 할지 확실히 구분한다. 계획 착오라는 심리학 용어가 있는데 비현실적 계획을 세우는 것은 남성 뇌의 작용 때문이고 여성의 뇌는 땅에 발을 딛고 선 것처럼 현실적인 계획을 세우는 것으로 알려져 있다.

여자아이는 눈앞의 과제가 1주일 후 어떤 결과를 가져올지, 1개월 후 어떤 성과로 나타날지 이해할 수 있다. 이런 의미를 이해시킨 후 공부를 시켰을 때 크게 성장하는 쪽은 여자아이다. 특히 13세 무렵의 여자아이는 이미 자아가 싹튼 인간으로 완성형에 가까워 스스로 세운 계획에 따라 공부할 수 있는 경우가 매우 많다.

남자아이는 거창하게 계획이라고까지 말할 것도 없이 눈앞의 과제를 하나씩 완수해가는 방법이 맞지만 여자아이는 계획을 세밀히 세우는 것이 바람직하다. 구체적으로 월간 목표를 정하고 목표 달성을 위해 주간별로 해야 할 것을 생각하고 일일 단위 스케줄에 돌입한다.

우리 학원의 수업 내용 예가 다음 페이지에 나와 있다. "오늘은 뭐 하는 날이지?"라며 즉시 확인하는 남자아이가 압도적으로 많지만 여자아이는 수업표를 보고 계획적으로 공부해온다. 계획적인 여자아이에게는 계획을 자주적으로 세우게 해주어야 한다. 물론 필요하면 도와주고 여자아이가 '부모님의 응원을 받고 있다'라는 안도감을 갖도록 신경써주어야 한다.

	예정	과목	내용		예정	과목	내용
8:00	자습 (예습·복습)	사회	지리 (국내의 공업)	16:00	휴식		
8:30		과학	생물 (식물의 탄생)	16:30	수업	국어	독해연습 (수필)
9:00	수업	수학	서술문제 (도형의 면적·각도)	17:00			
9:30				17:30			
10:00				18:00			
10:30			서술문제 (비율과 비)	18:30			
11:00				19:00			
11:30				19:30			
12:00	점심 식사 휴식			20:00			
12:30				20:30			
13:00	수업	과학	지구과학 (천체)	21:00	자습 (예습·복습)	사회	역사 (연대 암기 등)
13:30				21:30			
14:00				22:00		국어	한자 학습
14:30		사회	역사 (근대 사회)	22:30			
15:00				23:00			
15:30				23:30			

여자아이에게는
목표 달성이 보상이다

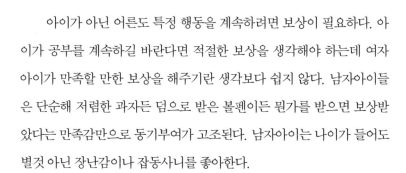

　아이가 아닌 어른도 특정 행동을 계속하려면 보상이 필요하다. 아이가 공부를 계속하길 바란다면 적절한 보상을 생각해야 하는데 여자아이가 만족할 만한 보상을 해주기란 생각보다 쉽지 않다. 남자아이들은 단순해 저렴한 과자든 덤으로 받은 볼펜이든 뭔가를 받으면 보상받았다는 만족감만으로 동기부여가 고조된다. 남자아이는 나이가 들어도 별것 아닌 장난감이나 잡동사니를 좋아한다.

　반면, 여자아이는 13세 무렵부터 장난감에 대한 관심을 잃는 것으로 알려져 있으며 물건을 받았다고 쉽게 기뻐하지 않는다. 성인 여성이 선물로 받은 명품가방이 마음에 안 들면 되팔듯이 웬만큼 좋아하거나 원하는 물건이 아니라면 선물로 받아도 거추장스러울 뿐이다. 싸구려 샤프펜 같은 보상품은 쓰레기통으로 직행할지도 모른다.

사실 여자아이에게는 미션을 완수했다는 성취감 자체가 큰 보상이다. 성인 여성도 집안일이 너무 많이 쌓여 정리하지 못할 때는 이것저것 세심한 계획을 세우고 계획한 대로 일처리를 마치면 "좋았어, 끝났다!"라는 성취감을 느끼는데 그 기분과 똑같고 이런 성취감이 매일 집안을 정리하게 하는 동기부여가 될 것이다.

집안일을 좀 도와달라고 남편에게 말하면서 자기 생각대로 제대로 하지 않으면 오히려 우울해지는 것도 성취감을 방해받았기 때문이라고 나는 생각한다. 아이도 마찬가지다. 여자아이의 동기부여를 높이고 싶다면 원하지도 않는 선물을 굳이 주려고 하지 말고 계획대로 자신이 완벽히 해냈다는 사실을 인식시켜 주길 바란다.

이때 성과를 가시화해 확실히 인식시켰다면 부모도 함께 기뻐해 준다. 여자아이가 열심히 하는 것은 자신만 위해서가 아니기 때문이다.

여자아이의
마이너스 연쇄에 주의하라

여자아이는 사물의 인과관계에 대해 여러 사실을 연쇄적으로 생각한다. 예를 들어, 엄마가 우울해할 때 남자아이는 "엄마가 활기가 없네."라고 생각하지만 여자아이는 "엄마가 활기가 없는 건 내가 성적이 나빠서일 거야."라고 연쇄적으로 생각한다. 그것도 대부분 마이너스 연쇄여서 "엄마가 기분이 좋은 것은 내 성적이 좋아서야."라고 굳이 생각하지 않는다. 이런 경향은 매일 공부하는 모습에서도 찾아볼 수 있다.

남자아이는 잘하는 과목이든 못하는 과목이든 성적을 있는 그대로 받아들이지만 여자아이는 연쇄적으로 생각한다. 시험에서 국어 85점, 사회 70점, 수학 55점, 과학 35점을 받았다. 여자아이는 가장 점수가 낮은 과학 점수만 눈에 들어와 "35점밖에 못 받았으니 다른 과목도 틀렸어"라고 생각한다.

"국어에서 85점을 받았으니 다른 과목도 더 잘할 수 있어"라고 생각하지 않는다. 이런 마이너스 연쇄는 여자아이 스스로 가능성을 억누른다고 할 수 있다. 여자아이를 마이너스 연쇄로부터 탈출시키려면 "그렇지 않아." "너무 신경 쓰지 마."라고 위로해주지 말고 눈에 보이는 재료를 보여주며 함께 생각하는 자세가 필요하다.

"○○이는 과학 점수만 신경 쓰는데 사실 평균을 내면 60점을 넘어 상위 40%에 들었다고 할 수 있단다. 게다가 국어는 지난 번보다 10점이나 올랐으니 열심히 하면 과학 점수도 올릴 수 있을 거야." 이렇게 객관적인 수치를 보여주며 응원해주어야 한다.

완수한 임무를
가시화한다

　여자아이는 계획을 세우면 완수하는 동시에 완료로 체크하기를 좋아한다. 어른들이 업무에 적용하는 PDCA(Plan(계획), Do(실행), Check(검증), Action(개선))를 초등학생 단계에도 도입하고 싶다. 여기에는 완수한 임무를 가시화해 안심하고 싶다는 여자아이만의 발상이 있다.

　예를 들어, 자신 없는 과학 시험날이 얼마 남지 않았을 때 남자아이는 근거 없는 자신감으로 '어떻게든 되겠지'라는 마음으로 시험에 임한다. 반면, 불안감이 앞서는 여자아이는 이런 기분을 해소하면서 계획을 완수하고 싶어 공부 진행 상황을 눈으로 확인하며 "역시 나는 잘하고 있어. 이대로면 괜찮아"라며 자신감을 찾는다. 그래서 여자아이가 계획을 세울 때는 완수한 임무를 명확히 알게 해주는 것이 좋다.

엑셀 파일로 작성하거나 손으로 그려도 좋다. 과목별로 색상을 달리하든 공부한 부분에 색칠하든 화려하고 즐겁게 가시화할 방법을 선택한다. 여자아이가 싫어하는 경쟁 구도로 들어가기 전 이렇게 즐거운 작업으로 공부라는 행위 자체를 좋아하게 만들어준다.

남자아이든 여자아이든 성취감을 맛보면 다음 단계로 나아갈 동기부여가 된다. 특히 여자아이는 꾸준히 공부해 쌓아 놓은 결과를 가시화해 자신감으로 연결한다. 이것을 위해 즐거운 점검표를 함께 만들어 보자.

여자아이는 뒤처지면
공부에서 손을 놓는다

여자아이는 남자아이보다 계획성이 철저하다는 장점이 있는 대신 쫓기는 입장에 약하다는 단점이 있고 단기간 강한 압박을 가하면 실패가 두려워 의기소침해질 우려도 있다. 또한 여자아이들은 쉽게 부끄러워하므로 남들에게 뒤처진다고 느끼면 그때부터 공부가 싫어진다. 게다가 생리적 변화 때문에 공부에 집중하지 못하는 시기도 찾아온다.

이 모든 여건을 감안하면 여자아이는 가능하면 빨리 입시 공부를 시작해 앞으로 치고 나가게 해주는 것이 좋다. 구체적으로 입시 2년 전부터 공부를 시작하는 것이 바람직하다.

여자아이는
목표를 좋아하지 않는다

　계획을 세울 때뿐만 아니라 목표를 정할 때도 남자아이와 여자아이는 다르게 접근해야 한다. 남자아이는 깊이 생각해보지도 않고 애당초 불가능할 만큼 자신에게 걸맞지 않은 목표를 세운다.

　여자아이는 남자아이와 달리 자신을 객관적으로 바라보며 이에 걸맞는 목표를 세울 수 있지만 목표를 세우는 것을 좋아하지 않는다. 성실성 때문에 자신이 세운 목표를 달성하지 못하면 실패라고 받아들이기 때문이다. 도달할 수 없을 때를 생각해 '이렇게 될 거였다면 목표 따위는 세우고 싶지 않다'라고 생각한다.

　그렇다고 당연히 달성 가능한 낮은 목표에 만족한다면 성장할 수 있음에도 기회를 전혀 얻지 못할 수도 있으므로 어른들의 지원이 필요하다. 조금만 더 힘을 내 열심히 하면 달성할 수 있는 목표를 설정하면 여자아이 특유의 책임감과 높은 수행 능력으로 목표를 완수해 나가고 목표를 달성하면 큰 자신감을 얻는다.

여자아이는 목표 수준을 얼마나 적당히 조절할 수 있는지가 중요하다. 아이의 현재 능력을 확인하고 열심히 하면 달성할 수 있는 목표를 함께 설정해 보고 "달성하지 못하거나 실패해도 괜찮아"라고 말해 주어야 한다.

생각했던 것만큼
무섭지 않다는 것을 경험시켜라

성장하기 위해서는 남녀 상관없이 시행착오가 필요하다. 더 높은 목표에 도전해 실패했을 때 현재 자신이 어느 정도였다면 뛰어오를 수 있었을까, 좀 더 높이 뛰어오르려면 어떡해야 할지 아이 스스로 습득해야 한다. 단, 여자아이는 종종 착오가 있으며 시행하려고 하지 않으므로 착오 비율을 줄이는 것이 좋다. 그래서 착오일 때 조금만 더 열심히 하면 완수할 수 있다고 느끼도록 도와주어야 한다.

뜀틀을 예로 들어보자. 남자아이는 허세를 부리느라 뜬금없이 높은 뜀틀에 도전해보고 보기 좋게 나자빠진다. 남자아이는 이런 실수를 여러 번 반복하다가 결국 뛰어넘지만 여자아이는 겁이 많아 높은 뜀틀은 시도조차 하지 않는다.

하지만 여자아이가 실력보다 높은 뜀틀에 도전할 때 보조자가 살짝 몸을 잡아주는 등 조금만 도와주면 결국 혼자 뛸 수 있게 된다. 보조자가 도움을 주지만 처음에는 살짝 엉덩방아를 찧기도 한다. 그래도 "완벽히 뛰지는 못했지만 살짝 엉덩이가 닿는 정도는 괜찮아", "생각했던 것만큼 무섭지는 않았어"라는 경험을 하게 하면 여자아이는 한계에서 벗어날 수 있다. 공부뿐만 아니라 스포츠나 일상생활에서도 생각했던 것만큼 무섭지 않다는 것을 체험하게 해주길 바란다.

여자아이는 이유를 알면
목표를 향해 전력질주한다

여자아이가 조금만 더 노력해 목표를 완수하겠다고 생각했을 때 그냥 "해봐"라고만 말하면 성공하기 어렵다. 여자아이는 그것을 해야 하는 이유가 충분히 납득되어야 열심히 하기 때문이다.

"○○이가 들어가고 싶어하는 중학교 입시에는 계산이 많은 과학 문제가 출제된다니 지금보다 계산을 잘할 수 있게 연습해두는 것이 유리해. 매일 계산 문제를 풀고 있지만 양을 늘려 보는 게 어떨까?"

이렇게 신뢰관계가 구축된 부모와 함께 생각한 후 학습목표를 높여 나가면 여자아이는 그 목표를 향해 매우 적극적으로 공부한다. 남자아이는 "해!"라는 한마디에 말을 잘 들을 때도 있고 명백한 이유가 있더라도 하고 싶지 않을 때는 하지 않지만 여자아이에게는 제대로 논리가 통한다는 큰 장점이 있다.

정서와 논리 양면으로
설명해준다

남자아이든 여자아이든 잘하는 분야와 못하는 분야가 있다. 여자아이는 남자아이처럼 과목별 편차가 심한 경우는 많지 않다. 낮은 점수에 초점을 맞추고 어떻게든 해결해야 할 문제라고 생각하기 때문이다.

다른 각도에서 보면 여자아이는 자신 없는 과목에 매우 신경 쓰고 있다는 말이다. 이런 성향이 긍정적인 방향으로 작용한다면 좋겠지만 공부가 싫어지면 곤란하므로 못하는 과목을 극복하는 것도 중요한 과제다. 여자아이는 수학이나 과학에 자신 없어하는 경향이 있다. 공식에 대한 거부감이 강하기 때문이다. 그래서 수학이나 과학 문제를 푸는 과정을 논리적으로 생각하지 말고 조금이라도 정서적인 말로 설명해주는 것이 바람직하다.

반대로 국어를 못하는 아이에게는 정서적으로 해석하지 말고 수학적, 논리적으로 접근할 수 있다. 긴 문장을 소설 읽듯 읽지 말고 내용을 구분해 "여기까지 A라고 하고 여기부터 여기까지 B라고 하고 나머지를 C라고 한다. 그럼 A와 B는 반대되는 이야기이고 C는 A에 가까운 부분으로 돌아가 결론을 내린다는 것을 알 수 있다"라는 식으로 조금이라도 수학 공식과 비슷한 사고법으로 전환시켜 준다.

실제로 "저자는 여기서 무엇을 주장하는가?"와 같은 질문 등은 논리 퍼즐을 맞추는 것과 같다. 사실 답이 하나만 나올 리 없는 문제를 일정 패턴에 근거해 만들기 때문에 국어에도 공식이 있다. 자신 없는 과목을 공부하는 데 소요되는 시간 배분 문제도 부모가 자녀와 함께 생각해야 한다.

4개 과목을 1/4씩 똑같이 나누지 말고 현재 자녀의 성장 정도에 따라 못하는 과목에 70%, 기타 과목에 10%씩 배분하는 등 다양하게 고려해볼 수 있다. 어쨌든 자녀는 로봇이 아니므로 어른이 생각하는 이상적인 배분을 고집하면 실패하기 쉽다. 중요한 것은 자녀가 못하는 과목에 긍정적으로 접근하게 만들어 성적을 올리는 데 집중하게 해주는 것이다.

상대적 목표, 절대적 목표
2가지를 세운다

여자아이는 학습 계획을 처음부터 확실히 세우지만 6학년 가을 이후에는 목표 설정과 수행 과정을 반복하는 단계에 들어간다. 시험이 눈앞에 다가왔기 때문이다. 월별 목표를 세우고 계획적으로 수행하게 한다. 구체적으로 상대적 목표와 절대적 목표 2가지 측면에서 접근한다.

상대적 목표는 평균치를 얼마까지 올릴 것인지 또는 '○○을 이기고 싶다'라는 목표도 좋으므로 기준이 되는 수치와 상대방을 염두에 두고 정한다. 절대적 목표는 영어 단어 500개를 외운다거나 계산 문제 300개를 푸는 것 같은 목표인데 친구와 비교하지 않는 목표이며 자신과의 싸움이다. 이 단계에서 너무 쉬운 목표를 세우면 지망 학교에 합격할 수 없다.

6학년 가을 드디어 입시 때가 다가오면 아이는 목표 설정에서 방향을 잘못 잡으면 안 된다는 사실을 스스로 인식하고 현실과 비교했을 때 최적의 목표를 발견하는 작업을 반드시 해야 한다. 이 작업을 통해 아무리 노력해도 격차를 좁힐 수 없다는 사실을 깨달으면 지원 학교 수준을 자기 손으로 낮출 수 있다.

또는 ○○중학교에 가고 싶지만 이 상태로는 어려우니 잠시 발레 시간을 줄이고 공부시간을 더 만들어보자며 스스로 시간 관리에 들어간다. 이 과정에서 동아리 활동 등을 계속할지 여부도 자신이 고민해 결정한다.

결국 지망 학교는 부모가 아니라 자녀가 직접 결정해야 하기 때문이다. 참고로 상대적 목표와 절대적 목표 2가지를 모두 고려해야 하는 것은 균형을 맞춘다는 이유도 있지만 2가지 목표가 있으면 어느 한쪽을 달성할 가능성이 높기 때문이다. 목표가 하나밖에 없다면 달성하지 못했을 때 자신감을 잃거나 달성할 수 없다는 두려움 때문에 처음에 세운 목표보다 지망 학교 레벨을 낮추고 하향 지원할 수밖에 없다. 특히 자신감을 잃기 쉬운 여자아이에게는 2가지 목표가 필요하다.

학습일기로
자신과 만난다

6학년 가을이 되면 우리 학원에서는 자신의 목표와 달성도 등을 일기 형식으로 기록에 남기는 작업을 시작한다. 현재 상황, 고민, 성적 등 뭐든지 좋으니 기록하라며 A3 사이즈의 공책을 건네 자유롭게 쓰게 한다. 자신과 강사만 볼 수 있는 교환일기에 가깝다. 입으로 말할 뿐만 아니라 기록해 다시 읽을 수 있는 일기는 자신을 만날 수 있는 최고의 교재다.

중학생이 되면 사춘기 특유의 반항심이 발동해 이런 형식의 일기는 효과가 적지만 자신을 만날 수 있는 순수한 초등학생 단계에서는 매우 효과적이다.

〈알고 있었지만 쓰지 못했던 단어〉

— 정치경제
- 지방 자치...지역 주민이 직접 지방 정치에 참여하는 것.
- 최고 법규...헌법의 규칙 → 헌법에 위배되는 법률, 명령은 무효
- 정보 공개법...'알 권리'를 보장한다.
- 근로기준법...남녀동일 임금, 근로조건의 최저 기준
- 정교 분리...정치와 종교를 분리한다.
- 공직선거법...입후보 절차, 투표 방법, 선거 운동에 대해
- 연립 내각...여러 정당이 여당이 된다.
- 간접 민주제...대표자가 의회에서 협의하여 정치에 참여하는 구조.
- 정족수...국회 본회의를 성립시키기 위해 필요한 출석수.
- 의원내각제...국회에 대해 내각이 정치상의 책임을 지는 것.
- 지방 분리...국가의 업무를 지방자치단체에 일임하는 것. 지방 분권
- 위헌입법 심사권...법률이 헌법에 위배되는지를 조사하는 권한.
- 각의...행정에 대해 결정을 행사하는 의회.

〈기호 ~ (틀렸던 부분)〉
- 종교의 자유는 정신의 자유가 아니다
- 국민은 헌법을 존중하고 지켜야 하는 입장에 선 사람에 해당하지 않는다
- 소선거구는 작은 정당에게는 불리 → 2대 정당제가 되기 쉬움, 사표가 많음
- 참의원의 비례대표 선거에서는 정당명 또는 후보자명을 적는다

9/4(화)
오늘은 사회 주간 테스트 문제집을 풀었다. 정치경제는 헌법과 국회에 대한 문제였다 (오늘은 모두 잘 풀었다!)
헌법은 자세한 부분까지 모두 외우고 있어서 점수가 높았다. 하지만 두 가지, 문민통제와 혐연권에 대해서는 못 썼다. 국회에 대한 문제도 이번에는 매우 점수가 높았다! 다음 시간에 ~당 등 여당과 야당의 차이를 외워야겠다.

9/6 (목)

오늘은 수학을 공부했다. 경우의 수에서 선택법과 조합법을 살펴보았다. 오랜만에(계속 IC녹음기로 녹음을 했다) 공부하는 내용이었지만 비교적 쉽게 이해가 되었던 것 같다. 평소보다 수형도를 그리지 않고 식을 사용해서 풀었다. 복잡한 문제도 식으로 풀수 있어서 수월했다. 주간 테스트에서 풀었던 문제도 오늘은 매우 점수가 높았다(만점을 못 받아서 아쉽다). 이전에 비하면 식도 잘 쓸 수 있게 되었다(고 생각한다. 다음번에는 만점을 받자.
　　　　　　주 갈수록 수학 점수도 높아지는구나.

경우의 수(3) 94/100 (4) 97/100

9/7 (금)

오늘은 과학과 수학을 공부했다. 과학은 '전류와 저항' 부분을 공부했다. 여름 특강 때 배우고 난 이후 오랜만에 공부하는 것이라 결과는 좋지 않았다. 꼬마전구의 성질에 대해서는 잘 이해한 것 같았다.
직렬, 병렬연결 부분에 대한 문제는 꽤 많이 풀 수가 없었다. ~소A와 A문제는 계산 문제이기 때문에 여러 번 풀어봐서 익숙해졌다는 생각이 든다. 수학은 '평면도형과 비'를 공부했다.
여름 특강에서 공부한 덕분에 이번에는 잘 이해할 수 있었다! 주간 테스트B에서 오늘은 C도 풀 수 있었다. 그래도 아직 풀지 못한 문제가 있기 때문에 다음부터는 그 문제도 잘 풀 수 있게 만들 것이다. 훌륭해!!

수학 주간 테스트 '평면도형과 비(2)' 100/100 (3) 82/100

A3 사이즈의 큰 공책을 사용하는 것은 원하는 만큼 여러 내용을 쓰게 할 수 있기 때문이다. 결과적으로 아이의 상태를 잘 살펴볼 수 있다. 심도 있게 자기 분석을 할 수 있는 아이는 다양한 내용을 쓰지만 그렇지 못한 아이는 몇 줄만 쓰고 만다. 학습일기의 수준차는 평균치 차이다. 가끔 이 공책에 부모가 코멘트를 적어 주기도 한다.

 자녀 대신 '영어가 부족하다' 등으로 분석하는데 부모의 분석은 대체로 우리 강사들의 의견과도 일치하므로 '부모가 제대로 파악하고 있다'라는 점은 이해할 수 있지만 부모의 의견은 별 의미가 없다.

 아이가 생각하는 부분과 어른들이 생각하는 부분의 일치가 중요하지 강사와 부모의 생각이 일치한다고 뭔가를 할 수 있는 것은 아니기 때문이다. 이 공책의 역할은 자신이 깨닫고 있다는 사실을 알려주는 것이지 어른이 잔소리처럼 지시하려고 만든 것이 아니다. 가정에서 사용한다면 이 점을 잊지 않길 바란다.

수업 80%, 자습 20%가
황금 비율이다

구글 직원의 80%는 정형적인 방식으로 일하지만 나머지 20%는 놀이하듯 자유로운 분위기에서 업무를 처리한다고 한다. 우리 학원의 교수법도 이와 비슷한 부분이 있다. 80% 시간은 필수 학습에 할애하고 나머지 20%는 스스로 무엇을 할 것인지 생각하게 한다. 이때 각자 학습 일기에 쓴 내용 등도 고려하면서 담당 강사도 각자에게 과제를 부여한다. 각자 다른 20%가 있을 때 비로소 80% 필수 학습에 대한 흡수력과 성장률이 올라간다.

우리는 로봇이 아닌, 살아 있는 인간을 만나고 있다. 아이들을 하나로 묶어 초등학생이라고 부르지만 그들은 각자 다르다. 우리 학원은 초밥집이고 맡겨진 아이들은 재료라고 나는 생각한다. 초밥집인 만큼 재료의 종류에 따라 취급법을 바꾸는 것은 당연하며 기온·습도 등을 신경 쓰며 세심히 관리해야 한다.

　　나는 그 날 교실에 들어온 아이들의 얼굴들을 유심히 관찰해 교수법을 유연하게 바꾼다. 부모도 아이라는, 살아 있는 존재를 상대한다고 인식해주길 바란다.

제5장

지금 당장 성적을 올려라!
수학, 국어, 과학, 사회 점수를 올려주는
26가지 포인트

학습 능력을 높이려면 무엇보다 절대적 기초 학습 능력 습득이 필수다.

이것을 건너뛰고 진도를 나간다면 성적은 절대로 오르지 않는다. 더 어려운 부분은

과목끼리 연동성이 있다는 점이다. 기초 학습 능력은 얄팍한 잔재주로 익힐 수 없

다. 이번 장에서는 4개 과목별로 기초 실력을 쌓기 위한 포인트를 정리했다.

모르는 부분이 나오면
반드시 앞으로 되돌아가 다시 시작한다

초등학생 단계에서 수학을 어려워하는 여학생은 중학생이 되어서도 수학이 자신 없는 과목인 경우가 대부분이다. 단순히 호불호의 문제가 아니라 수학이라는 장르는 초1부터 고3까지 하나의 코스로 연결되어 있어 도중에 발이 엉키면 앞으로 나아가기 어렵기 때문이다.

초등학생이 한 자릿수 사칙연산을 못 하면 두 자릿수 문제를 풀 수 없다. 소수를 이해하지 못하면 소수 방정식을 이해할 수 없다. 특히 수학은 단계를 건너뛰면 안 되는 과목이다. 수학 성적이 좀처럼 오르지 않을 때는 지금 공부하는 부분을 여러 번 복습시키기보다 조금 앞 단계로 되돌아가 어디서 발이 엉켰는지 파악하고 반복 학습으로 확실히 몸에 익힌 후 완전히 습득이 끝난 단계부터 하나씩 수준을 높여가야 한다.

수학은 공부한 시간에 비례해 점수 평균치가 오른다

자녀가 수학 센스가 없다며 걱정하는 부모들이 많다. 센스가 필요한 사람은 최상위권의 극소수다. 중학교나 고등학교 입시에서 출제되는 수학 문제는 시중에서 판매되는 참고서와 비슷한 문제가 95%를 차지하고 센스를 발휘해야 풀 수 있는 문제는 5%에 지나지 않는다.

사실 수학은 센스 여부와 상관없이 평범한 아이가 학습 수준이나 평균치를 끌어올리기 가장 쉬운 과목이다. 수학은 암기해야 할 양이 압도적으로 적다. 국어처럼 평소 독서량을 요구하거나 과학처럼 자연과 접하는 경험이 많으면 성적이 오르는 과목이 아니다. 공부한 시간에 비례해 성적을 쉽게 올릴 수 있다.

수학이 어렵다고 생각하지 말고 일단 시간을 투자하자. 계산 문제에 시간을 많이 할애한 만큼 성적은 오른다. 그리고 자신의 실력 향상을 실감한 아이는 수학 과목에 대한 자신감을 갖게 될 것이다. 수학 실력 향상을 위해서는 의식적인 공부량 체크가 중요하다. 일반고 기준으로 하루에, 보충을 포함한 정규 수학 수업시간 평균 2시간, 자습으로 적어도 1시간, 집에서 최소 1시간 복습, 이렇게 총 4시간은 무슨 수를 써서라도 수학을 공부할 수 있도록 노력해야 한다. 일정한 공부량을 안정적으로 확보하는 것은 꾸준히 영양분을 섭취하는 규칙적인 식사를 하는 것과 같은 효과가 있다.

기초 능력인 계산 64단계를
순서대로 마스터한다

계산 64단계는 초1부터 중1까지 학교에서 가르치는 내용을 필자가 독자적인 기준으로 나눈 것이다. 우리 학원에 초등 3학년이 들어오면 나는 먼저 15단계 곱셈(두 자릿수×두 자릿수) 수준의 문제를 풀게 한다. 15단계가 가능하면 좀 더 높은 단계, 불가능하면 좀 더 낮은 단계로 되돌아가 아이의 현재 위치부터 꼼꼼히 단계를 밟으며 나아간다.

단계를 밟아 나가는 도중 어디선가 막히면 다음 단계를 이해할 수 없기 때문이다. 문부과학성 커리큘럼에서는 이런 분류 방법이 아니라 덧셈한 후 뺄셈을 조금 하고 이후 곱셈과 나눗셈을 하는 등 전체를 폭넓게 가르치도록 구성되어 있다.

이 기준으로는 각 개인의 이해도를 알 수 없고 이해하지 못하면 진도를 나가면 안 되지만 중학교 입시를 전제로 하지 않는 공립 초등학교에서는 어쩔 수 없다. 산수나 수학이 자신 없는 아이로 만들고 싶지 않다면 계산 64단계는 반드시 마스터해야 한다.

수학의 기초 능력은
약분 가능 여부로 알 수 있다

약분은 분수의 분모·분자를 공통 약수로 나누어 더 간단한 분수로 만드는 풀이 방법이다. 약분은 다양한 수학 문제를 더 빨리 푸는 매우 중요한 요소이므로 포기하지 말고 공부해야 한다. 잘하는 아이는 4/16의 분모·분자도 4로 나눌 수 있음을 처음부터 알지만 계산이 느린 아이는 4/16를 먼저 2로 나누어 2/8로 만든 후 한 번 더 계산해 1/4로 만드니 시간이 더 걸린다.

우리 학원 아이들은 65/91을 1~2초 만에 5/7라고 대답한다. 이렇게 금방 답할 수 있는 것은 평소 반복 학습으로 여러 숫자의 배수를 익혀 91과 65 모두 13으로 나눌 수 있음을 알기 때문이다. 100을 10×10이 아니라 2×2×5×5로 발상할 수 있는 것도 약분 능력 덕분이다.

약분이 가능하면 수학뿐만 아니라 계산이 필요한 이과 문제도 신속히 해결할 수 있다. 이런 약분 능력은 센스의 문제가 아니다. 평소 곱셈·나눗셈 연습 문제를 많이 풀어보고 숫자에 익숙해져 몸이 기억하게 만들어져야 하는 것이다. 가로세로 연산 등도 많이 활용하면 좋다.

'알다', '모르다'의
분기점

초등 5학년이 되면 수학의 비율·속도·비라는 매우 중요한 개념이 연속으로 등장한다. 비율은 35% OFF, 타율 3할 등이고 속도는 시속 70km 등이고 비는 남녀 2:3 등이다. 어느 것이든 일상생활에서 모르면 안 되는 개념이다. 새로운 내용이 갑자기 한꺼번에 등장하므로 수학이 어려운 아이는 도망치고 싶겠지만 이 시점에서는 더 분발해 공부하려는 자세를 유지해야 한다.

중학교 입시 수학 문제에 반드시 출제될 뿐만 아니라 과학에서도 이 개념을 모르면 풀 수 없는 문제가 많기 때문이다. 중학교 이후 수학이나 과학에서도 이 기초 지식이 없으면 이해할 수 없는 내용이 많아진다.

성인이 된 후 사회생활을 할 때나 업무 현장에서도 마찬가지다. 즉 케이크의 스펀지에 해당하는 토대이며 중학교 입시를 치르지 않는 학생들도 모르고 넘어갈 수 있는 분야가 아니다. 하지만 오늘날 일본의 30~40대가 초등학교 교육을 받던 시절에는 이런 학습이 경시되어 그들이 자주 가는 마트에서는 신기한 표시를 볼 수 있다.

정가 70,000원짜리 재킷을 40% 할인해 판매한다면 '정가 70,000원'을 표시한 가격표에 '40% OFF로 42,000원!'이라고 정확한 가격을 쓴다. 이전에는 '40% OFF'만 표기했다. '40% OFF는 정가에 0.6을 곱하면 할인 가격이 나온다'라는 정도는 여러분도 금방 알 수 있지만 오늘날 일본의 30~40대는 계산하는 머리가 좀처럼 작동하지 않아 큰 문제다.

일반적인 비즈니스 현장에서는 가격 교섭이 이루어진다. 15% 할인율을 20%까지 올릴 수 없는지 고객이 물었을 때 매장 직원이 스마트폰 앱을 꺼내 일일이 계산한다면 일을 못 하는 직원으로 낙인찍힐 수 있다. 미용사가 모발 염색제를 섞을 때도 비율 개념이 필요하다. 택시기사도 "시속 80km로 달리면 1시간 걸리는 거리지만 60km밖에 속도가 안 나니 1시간 20분은 걸리겠네"라며 소요시간을 금방 계산해낸다. 이 개념들은 읽기·쓰기 계산만큼 중요하다. 자녀의 장래를 생각하면 어떻게든 자녀가 익히도록 노력해야 한다.

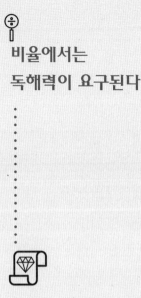

비율에서는
독해력이 요구된다

비율·속도·비 중 특히 초등학생에게 어려운 개념은 비율이다. 비율은 원래 수학이 아니기 때문이다. 원주율 문제는 계산만 가능하면 풀 수 있지만 비율 문제는 국어 독해력과 기억력이 필요하다.

'1,500원짜리 사과 20개를 30% 할인해 구입했습니다. 모두 얼마를 계산했습니까?'라는 문제에서 '30% 할인해 샀다는 것은 정가의 70%만 계산했다는 거네'라고 생각할 수 있어야 한다. 여기서 먼저 독해력을 묻는다. 그 후 70%=0.7이라는 것도 기억해야 한다. 이런 개념이 없는 아이는 0.7 대신 실수로 70을 곱하기도 한다. 수학이면서 독해력과 기억력이 필요한 비율은 친숙해지기 어려운 개념이며 보기에 따라 독해력이 높은 여학생에게 유리한 분야라고 할 수 있다.

독해력과 그림 가시화 능력이 없으면
풀 수 없다

수학뿐만 아니라 국어로도 출제되므로 문제를 읽고 푸는 힘이 필요하다. 여기에 속도에 대해서는 문제를 가시화해 그림으로 볼 수 있는 능력도 필요하다. 'A 지점에서 서쪽으로 60km 속도로 달리기 시작한 자동차를 A 지점에서 동쪽으로 5km 떨어진 곳에서 15분 늦게 서쪽으로 출발한 자동차가 시속 80km 속도로 쫓아왔다면 몇 분 후에 A 지점에서 몇 km 떨어진 곳에서 따라잡을까?'

이 문제에서 원래 독해력이 부족한 아이는 문제를 머릿속에 확실히 넣을 때까지 시간이 걸리므로 이 문제를 풀 때는 도움을 위해 자동차 2대의 상황을 그림으로 그려가며 생각해야 한다.

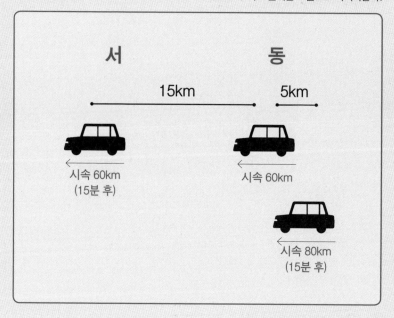

중학교 입시 수학은 속도 문제에서 제시된 상황을 그림으로 풀어
내는 능력이 필수다. 문제가 복잡해 이해하지 못하는 아이들이 속출하
므로 공립 초등학교 수업에서는 심도 있게 다루지 않으므로 어느 학원
에서나 이 부분에 주력하고 있으며 우리 학원은 문제를 오히려 더 길게
만들어 약간 헷갈리는 속도 문제를 풀게 하고 있다.

'A 군은 7시 15분에 집에서 나와 시속 4km 속도로 학교로 향했습
니다. 출발한 지 6분이 지났을 때 잃어버리고 온 물건이 생각나 다시 집
으로 돌아갔습니다.

집에서 2분을 보내고 다시 학교로 가던 도중 5분 후 아빠의 자동차가 시속 60km 속도로 A 군을 따라잡고 지나쳐갔습니다. 아빠는 몇 시 몇 분에 집에서 출발했을까요?'

어른들에게도 상당히 어려운 문제이지만 익숙해지면 풀 수 있다. 중학교 입시를 준비하며 출제되는 내용을 그림으로 만드는 능력이 있는 아이와 공립 초등학교에서 공립 중학교로 시험을 보지 않고 진학하는 아이 사이에는 가시화해 생각하는 능력에 큰 차이가 있다. 중학교 입시 준비 여부와 상관없이 이런 문제에도 도전해보자.

모든 수학은
비로 통한다

시속 60km로 달리는 자동차와 시속 100km로 달리는 자동차가 있다고 가정하자. 같은 시간 동안 주행한 거리 비는 3:5이고 같은 거리를 주행하는 데 걸린 시간 비는 5:3이다. 앞 문제는 금방 알 수 있지만 이것을 토대로 바로 다음 문제로 연결할 수 있을까, 없을까? 그에 따라 수학 풀이 능력 차가 크게 벌어진다. 사실 모든 수학 문제는 비로 귀결된다고 해도 과언이 아니다.

천칭 문제가 이것과 가장 걸맞다. 비 개념만 알면 단시간에 풀 수 있지만 모르면 하나하나씩 무게와 농도를 곱한 후 더해야 한다. 그 외에도 도형 면적을 생각하거나 물질 밀도를 취급할 때 비 개념은 절대로 빠지지 않는다. 이처럼 중학교 입시는 물론 고등학교나 대학 수학에서도 절대적으로 많이 사용되는 필수 도구가 비다. 비라는 도구만 있다면 대부분 풀 수 있으므로 수학계의 스마트폰과 같은 존재다.

여자아이가 이 도구를 손에 넣는다면 라이벌과 큰 차이를 벌릴 수 있다. 수학에 대한 거부감이 강한 여자아이에게 수학은 번거로운 과목이 아니며 문제를 풀 도구가 있다는 사실을 이해시키길 바란다.

〈도표 8〉 비 개념만 알면 간단히 해결할 수 있다!

〈문제〉

2%의 식염수 80g에 다른 농도의 식염수 280g을 부으면 9% 식염수가 만들어진다. 추가로 부은 식염수의 농도는 몇 %인가?

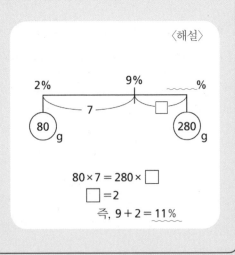

일상 대화 속에서
다양한 어휘를 사용한다

요즘 아이들의 독해력 결핍은 어휘 부족 때문이다. 섣달 그믐날의 의미를 모르는 아이가 있을 정도다. 영어 단어를 모르면 영어 문장을 읽을 수 없듯이 국어 어휘가 부족하면 긴 문장을 독해하는 데 어려움을 느낀다. 대부분의 여자아이는 국어를 잘하지만 국어 과목을 어려워한 다면 중학교 입시에서는 핸디캡으로 작용하므로 국어가 어려운 여자아이는 아는 어휘를 더 많이 늘려야 한다.

우리 세대는 할아버지, 할머니를 만날 기회가 많아 여러 옛날이야기도 듣고 자랐다. 프로장기 기사 후지 소타는 젊은데도 어휘가 매우 풍부해 깜짝 놀랐다. 분명히 자신보다 나이가 훨씬 많은 사람들과 대화를 나눌 풍부한 기회 때문일 것이다.

하지만 핵가족화가 진행되고 스마트폰만 만지작거리는 요즘 아이들이 사용하는 단어는 매우 한정되어 있다. 부모님들에게 자녀와 여러 분야에 대해 더 다양한 단어를 사용하며 대화를 나누는 시간을 가지라고 당부하고 싶다. 가르친다고 생각할 필요 없이 어른과 이야기할 때 사용하는 다양한 단어를 아이에게 들려준다. 정신 연령이 높은 여자아이는 어른이 사용하는 단어에 흥미를 갖고 쉽게 흡수할 것이다.

여자아이는 엄마를 존경하고 동경심도 있으므로 평소 자녀의 관심사보다 수준을 약간만 올려 패션이나 매너 이야기를 모녀간 나누어 보는 것도 좋다. 이런 대화를 통해 지금까지 몰랐던 단어를 듣는 아이는 '○○가 뭐야?'라고 물을 것이다. 이때 반드시 올바른 지식을 전달해 준다. 자신이 없다면 자녀와 함께 사전을 찾아본다. 자녀가 흥미를 보인 내용이므로 "이런 단어도 있었구나"라며 관련 단어에 관심을 보이면 함께 이야기 나누어도 좋다.

물론 관심도 없는데 억지로 손에 쥐여주면 역효과만 나므로 흥미를 끌 만한 화제를 골라 단어 수준을 조금 올려 사용한다.

음독을 시키면
읽기 속도가 향상된다

중학교 입시뿐만 아니라 대학 입시에서도 과목을 불문하고 문제가 길어지는 추세다. 이유를 막론하고 장문 독해에 익숙해져야 한다. 국어 공부에서 중요한 포인트는 문제 풀이보다 긴 문장을 많이 읽는 습관 만들기다. 여자아이는 남자아이보다 독서를 좋아하고 긴 문장에도 익숙하지만 스마트폰 카카오톡 때문에 바빠 독서에 할애할 시간이 줄었다. 특히 주변 관계를 중시하는 여자아이는 친구들이 하지 않는 일을 자기만 하는 데 저항감이 있어 책을 읽지 않는 친구를 따라 전혀 책을 읽지 않는 사태가 일어날 수도 있다. 독서는 습관이므로 읽는 습관을 몸에 익히면 점점 더 많이 읽고 싶어지지만 읽지 않는 버릇이 들면 귀찮아진다. 여자아이가 독서 습관을 버리지 않도록 관리해주어야 한다.

하루 10분 엄마와 함께 각자 읽고 싶은 책을 읽는 것도 좋고 읽는 속도가 느린 여자아이에게는 부모가 옆에서 소리내 읽기를 시켜보는 것도 좋다. 속으로 읽지 말고 소리내 읽게 하는 것은 읽는 소리를 들으면 문절을 정확히 구분해 이해하고 있는지 아닌지 알 수 있기 때문이다.

요즘 아이들은 문절 구분이 이상해 단어를 한 묶음으로 파악하지 못한다고 나는 생각한다.

'나는 지금부터 슈퍼마켓에 사과를 사러 갑니다.'라는 문장을 읽을 때 문장 읽기가 익숙하지 않은 아이는 '나 · 는 · 지금부터 · 슈퍼마켓 · 에 · 사과 · 를 · 사 · 러 · 갑니다.'라고 읽는 것처럼 글자 하나하나에 눈길이 머물기 때문에 시간이 걸린다. 단, 이런 현상은 눈으로만 글자를 보며 읽기 때문인데 소리내 읽기를 시키면 평소 자신이 입으로 말하는 대화 소리와 대조하며 '나는 · 지금부터 · 슈퍼마켓에 · 사과를 · 사러 갑니다.'라고 문절을 구분해 읽을 수 있게 된다.

소리내 읽어 문절을 구분할 수 있게 되면 속으로 읽을 때도 내용을 올바로 이해하게 된다. 그러면서 읽는 속도도 빨라져 한정된 시간 안에 성패를 가려야 하는 시험에서 강해진다. 영어 학습에서도 '듣기는 읽기부터'라는 주장이 있다. 지금은 어쨌든 영어교재를 듣는 유형이 유행인데 읽기도 중요하다. 실제로 무조건 영어 문장을 소리내 빨리 읽을 수 있으면 듣기 능력도 함께 쌓을 수 있다.

국어 문제에서도 사회성 있는 아이를 요구한다

2018년도 가이세이 중학교 입시에서는 국어 논술 문제에 한 가족이 등장했다. 가장 역할을 하며 직장에서 일하는 사람은 능력자 커리어우먼인 엄마이고 아빠는 살림하는 무명 화가다. 그래도 데이 트레이딩(당일 주식매매)으로 약간의 용돈은 벌고 있다.

아빠는 아침에 자녀들을 유치원에 보내고 오후에 데려오고 선생님이나 학부모 모임에도 즐겁게 참석하고 있다. 이것을 보고 소외감을 느끼며 "이대로 괜찮은 걸까?"라고 엄마는 고민에 빠져 있다. 하지만 이런 가족 형태가 우리 가정만 보여줄 수 있는 원래 모습이라고 결론내린다. 커리어우먼이 주인공이고 살림하는 남자, 데이 트레이딩, 학부모 모임, 현대사회를 상징하는 키워드가 여기저기 보인다.

이 문제는 평소 접할 기회가 적은 사람들의 기분을 문장을 통해 얼마나 읽어낼 수 있는가를 평가하고 있다. 사회성을 갖춘 성숙한 사회인으로 세상을 바라볼 수 있는 능력을 평가한다고 할 수도 있다.

지금까지는 '왕따시키면 안 된다'라는 문맥으로 이해하면 되었지만 앞으로는 그 원인을 만드는 사회현상으로 확장해 이면을 바라볼 수 있는 아이를 요구한다. 생활보호, 난민, LGBT(성소수자 중 Lesbian(레즈비언), Gay(게이), Bisexual(양성애), Transgender(트랜스젠더)의 합성어), 블랙기업, 인스타그램 피로증후군 등 현대사회를 반추하는 사회적 주제를 국어 시험에서 더 많이 다룰 것이다.

여자아이는 정신연령이 높아 이런 주제들에도 관심이 있으므로 평소 대화 도중 의식적으로 화제로 꺼내 본다. 실제로 2018년도 오인중학교 국어 문제에서는 트위터나 가짜 뉴스와 같은 사회적 키워드가 포함된 문제가 출제되었다. 단, 여자아이는 공감성이 큰 만큼 시사적인 주제에 너무 감정이입 될 가능성이 있다. 여자아이만 느끼는 정의감 때문에 블랙기업 같은 악덕기업은 용서할 수 없다며 작은 사회활동가가 되지 않도록 주의해야 한다.

근본적으로 성실한 여자아이에게 다양한 사회 문제를 넓고 얕게만 흥미를 가질 것을 주문하는 것은 어렵지만 성공했다면 여자아이의 가능성은 훨씬 커진다. 단단함과 부드러움을 조절하면서 가정에서 여러 주제에 대해 때로는 진지하게 때로는 우스갯소리처럼 가볍게 대화를 나누어 보길 바란다.

올바른 국어 문장을
재빨리 옮겨 적는 연습을 시킨다

중학교 입시에서는 모든 과목의 문제가 국어로 출제되고 정답도 국어로 써야 한다. 즉 높은 점수를 얻기 위해서는 국어를 올바로 표기하는 능력이 매우 중요하다.

하지만 이상한 유행어를 사용하거나 스마트폰 변환 기능에 의존하는 생활습관 탓에 국어를 올바로 쓸 수 없는 아이들이 적지 않다. 이런 현상은 초등학생만의 문제가 아니라 대학생도 마찬가지다. 취업 활동에 필요한 지원서조차 올바른 국어로 쓸 수 없는 사람이 많아 서류심사에서 손쉽게 걸러내는 기준으로 국어 실력을 보는 회사가 있을 정도다.

우리 학원은 올바른 국어를 쓰는 사람으로 성장시키기 위해 올바른 문장을 무조건 옮겨 적는 학습법을 도입했다. "2010년 이후 개발도상국의 영아 생존율은 꾸준히 개선되어왔다."

예를 들어, '一률'과 '一율'의 구분에는 확실하고 단순한 규칙이 있다. 원래 음이 '一률'이므로 단어를 소리나는 대로 적으면 된다. 단, 모음이나 'ㄴ' 받침 뒤에서는 '一율'로 적는다는 규정이 있다는 것을 많은 아이들이 모르고 있다.

한편, 이런 오류를 범하지 않고 빠르고 정확히 적는 아이는 점수 평균치도 높다. 우리 학원에서는 처음은 두 줄 정도 문장부터 시작해 서너 줄까지 늘려나가는 연습을 매일 시키고 있다. 이 방법은 가정에서도 간단히 해볼 수 있다. 국어 교과서에 실린 문장도 좋고 신문이나 잡지에서 골라도 좋다. 평소 국어 철자와 용어를 정확히 적는 연습을 시키면 국어 실력이 향상될 뿐만 아니라 점으로 연결시키는 능력도 향상되어 어렵지 않게 정답을 쓸 수 있게 된다.

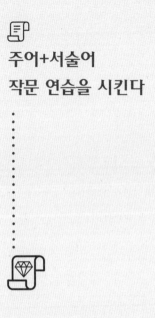

주어+서술어
작문 연습을 시킨다

문장을 올바로 적는 연습과 동시에 예문 없이 갑자기 적는 작문 연습도 시킨다. 주제를 주고 간단한 작문을 시키거나 특정 상황에 대해 문장으로 설명시키는 방법이다. 슈퍼마켓 매장에서 점원이 신선제품에 할인 스티커를 붙이는 사진을 보여주고 다섯 줄 문장으로 설명하라는 문제를 내면 아이들은 아무도 문장으로 표현하지 못한다. 머리에서는 상황을 알아 말로 설명할 수 있지만 문장으로 쓰라면 매우 어려워한다. 처음부터 주어+서술어 관계를 확실히 이해하지 못하기 때문이다.

아무리 긴 문장도 주어와 서술어가 있는 문장이 나열되는 구조가 기본이므로 한 문장씩 올바로 쓸 수 있는 실력도 중요하다. 옮겨 적는 연습도 그렇지만 예문 없이 작문할 때는 주어와 서술어를 더 의식하게 하고 문맥이 이상하면 수정해 준다.

문장을 올바로 읽고 해석하는
분석 연습을 반복한다

중학교 입시에서 출제되는 국어 서술형 문제 독해문의 길이는 매년 길어진다. 수준 높은 중학교일수록 문장이 길어지고 남학교에서는 큰 문제가 하나만 출제되기도 한다. 한 문제만 출제되어 긴 문장을 읽지 못하면 시험을 전혀 볼 수 없다.

여학교에서는 지금까지 길지 않은 문제가 2개가량 출제되어 한 문장이 이해되지 않더라도 다른 한 문장으로 확실히 답을 쓸 수 있으면 점수가 올랐다. 게다가 평가 부분은 비교적 미크로해 우리 세대가 받은 국어 교육의 연장선 문제가 아직도 출제되고 있다. 문장의 결론이라기보다 '이 부분에서 저자의 주장은 무엇인가?'와 같은 상세한 독해 실력을 요구한다.

여자아이의 수험 대책이라면 국어 연습을 시키거나 과거 기출문

제로 문제풀이 연습을 반복하는 것이다. 추가로 평소 독서 연습을 한다

면 국어는 문제 없다.

문제를 풀려면
전반적인 기초 능력이 필요하다

　　과학은 물리·화학·지구과학·생물로 세분할 수 있다. 4개 분야는 각각 다른 능력을 평가하는데 모두 뒤섞인 과목이 과학이다. 게다가 과학에는 국어·수학·사회 요소가 모두 들어 있어 어렵다.

　　우선 과학 문제에는 긴 문장이 많이 나오므로 국어 독해력이 없으면 제대로 문제를 풀 수 없다. 물론 계산이 필요한 문제도 나오므로 수학 능력도 필수다. 여기에 식물이나 곤충 이름을 외우거나 지층을 고찰하는 부분은 사회 학습에 가깝다. 과학은 전문적이면서 사실 전반에 걸친 내용을 다루는 과목이다.

과학에서는
2가지 학습 능력이 요구된다

과학은 암기해야 풀 수 있는 문제와 인과관계를 이해해야 풀 수 있는 문제로 나눌 수 있다. 별자리, 꽃, 곤충 이름과 그 특징을 외우지 않는다면 아무리 머리를 짜내도 풀 수 없다.

한편, 부력·전류·지렛대 관련 문제는 'A 부분에 가해진 힘이 B나 C에 영향을 미친다'라는 인과관계를 이해하지 못하면 풀 수 없다.

여기서는 공식에 대입해 계산하는 수학 능력이 필요하다. 일반적으로 여자아이는 전자 문제에 자신 있고 남자아이는 후자 문제에 자신 있는데 실제로 시험에 출제되는 경향도 이와 똑같다.

단, 이 2가지 분야는 뇌 사용법을 포함해 전혀 다른 학습 능력이 요구되므로 자녀가 어려워하는 분야를 파악하는 것이 중요하다. 안 그러면 과학 성적이 오르지 않아 고민에 빠질 수도 있다.

문자 기억과 시각적 기억을
확실히 연결짓는다

과학은 암기해야 할 내용 자체가 사회 과목만큼 많지는 않다. 하지만 출제되는 부분이 다방면에 걸쳐 있어 사회와 다른 암기 능력이 요구된다. 장수풍뎅이의 다리 개수 문제는 6개를 외우면 답을 쓸 수 있다. 하지만 여러 사진을 나열해 놓고 장수풍뎅이의 다리를 고르라면 문자 기억만으로는 해결할 수 없다. 과학에서는 문자 기억과 시각적 기억이 연결되어야 한다.

게다가 시각적 기억이 필요한 문제는 사진이나 그림이 사용되기도 한다. 몇 가지 식물을 보기로 들어 '뿌리를 먹을 수 있는 식물, 꽃을 먹을 수 있는 식물, 열매를 먹을 수 있는 식물로 분류하시오'라는 문제가 자주 출제되는데 보기가 고구마, 브로콜리, 호박 등 문자로 제시되거나 실제 식물 사진이 나오면 단면도로 보여주기도 하므로 문자 정보, 사진 정보, 그림 해석 정보 3가지로 다각도로 외워야 한다. 이 정보를 따로 외우지 말고 한꺼번에 기억하는 방법이 효율적이다.

여자아이가 과학을 공부할 때는
암기력·정리 능력·계산 능력이 필요하다

여자아이의 과학은 암기력을 요구하는 문제가 주를 이룬다. 그래서 곤충이 싫어도 이름이나 다리 수는 표로 만들어 무조건 외우게 한다. 더불어 정리 능력과 계산 능력을 기르길 바란다. 정리 능력은 생물 그룹 분류 등을 표로 정리해 외울 때 필요하다.

물리 계산도 다소 출제되는 경향이 있으므로 계산 능력도 필요하다. 단, 여자아이의 과학 시험에서는 깊이 생각해야 풀 수 있는 문제나 함정 문제는 별로 출제되지 않으므로 과거 기출문제 등을 반복해 풀어 본다.

여자아이는
효율적으로 점수를 딸 방법을 연구한다

국어는 남자아이보다 여자아이가 압도적으로 강하지만 과학은 정반대다. 모든 여자아이에게 과학은 어려운 과목이다. 어려워하기 전에 싫어한다고 말해도 좋다.

단, 여자아이 중에도 흔치 않게 과학을 좋아하기도 한다. 이런 아이는 과학에서는 다른 사람을 모두 이길 수 있으므로 걱정할 필요가 없다. 문제는 과학을 혐오하는 대부분의 여자아이들이다. 그들이 과학을 좋아하게 만들려면 긴 시간이 필요해 입시에서 효과적으로 점수를 딸 방법을 연구하는 것이 현실적이다.

우선 대부분의 여자아이는 웬만하면 암기는 잘한다. 아무리 곤충을 싫어하더라도 다리 개수는 시험 당일까지 외울 수 있다. 이런 가운데서도 차이를 벌리려면 계산이 필요한 분야에서 실력을 연마해두면 좋다. 계산 문제도 교과서의 내용을 이해하는 수준이면 충분하다.

'300g짜리 복주머니 A와 100g짜리 복주머니 B를 막대에 연결하고 막대의 한 지점에 받침점을 두고 매달았습니다. 지점의 위치가 복주머니 B에서 42cm 떨어져 있다면 이 막대의 길이는 몇 cm입니까?'라는 식이다. 이처럼 교과서에 나오는 공식을 확실히 머릿속에 넣고 과거 기출 문제 등을 푸는 연습을 해두면 과학에서 선두로 치고 나갈 수 있다.

[사회]

역사는
스토리로 외운다

　사회의 역사 문제는 용어를 하나씩 암기하지 말고 흐름이 있는 이야기로 파악하는 것이 중요하다. 만화도 좋으니 자녀가 조금이라도 관심을 가질 만한 재료를 주고 역사를 스토리라는 큰 관점에서 접근하게 한다. 자녀에게 이야기로서의 역사에 흥미를 갖게 하려면 TV 프로그램도 도움이 된다. KBS 대하 드라마도 입문 과정으로 좋다.

　그 외에도 역사상 사건 등을 다룬 TV 프로그램은 짜임새 있게 잘 제작되어 매우 흥미롭다. 단, 이런 방송은 한 시대나 특정 인물에 초점을 맞춘 만큼 시간을 들여 시청한 데 비해 얻을 수 있는 지식은 많지 않다. 어디까지나 흥미를 끄는 데 그치므로 결국 전체를 관통해 배울 수 있는 교재가 필요하다. 역사를 만화로 배우는 교재로 'WHY 한국사 학습만화(전 40권)'가 있다. 그 외에도 '이현세의 만화 한국사 바로 보기(전 12

권)', '설민석의 한국사 대모험', '용선생 만화 한국사' 등을 추천한다.(편집인)

초등학생은
암기로부터 도망칠 수 없다

역사의 큰 흐름을 파악해야 풀 수 있는 문제가 늘었지만 중학교 입시 사회는 암기 문제가 60% 이상이고 역사 만화 등을 읽어도 고유명사를 모르면 머리가 복잡하고 엉망진창이 되어 질릴 수 있다. 나는 고등학교 시절 고문 과목이 어려웠다.

한편, 내 친구는 같은 책을 읽고 지식으로만 알던 세계를 실감나게 느낄 수 있었다며 감동받았다고 했다. 그런 의미에서라도 암기는 중요하다. 사회 과목의 암기 사항은 수학의 구구단과 같이 앞으로 해나가는 학습에서 절대적 기초이기 때문이다.

암기의 요령은
가능한 방법을 총동원하는 것이다

초등학생이 인생에서 처음으로 진지하게 외워야 한다며 각오를 다질 때는 수학 구구단을 외울 때다. 그 다음은 행정구역명이나 역사상 인물과 같은 사회 항목이다. 구구단을 외울 때 여러분도 분명히 현재의 자녀와 똑같이 '2, 1은 2, 2, 2는 4, 2, 3은 6…'과 같이 염불 외우듯 소리 내 읊었을 것이다.

어른이 되어 되돌아보면 "왜 쓰면서 외우지 않았지?"라고 이상하게 생각되지만 구구단을 외우는 저학년 때는 문자를 쓰는 속도가 느리고 서툴러 비효율적이다. 그래도 고학년이 되면 쓰기 연습을 하므로 읽으면서 외워도 좋고 쓰면서 외워도 좋고 보면서 외워도 좋고 들으면서 외워도 좋으므로 시각과 청각 등 다양한 방법에 호소할 수 있다.

우리 학원에는 공책은 거의 사용하지 않고 무엇이든 교과서 한 권에 필기해 외우는 학생도 있다. 교과서는 보기에 복잡하고 지저분하지만 자신에게는 가장 쉽게 외우는 방법이므로 안성맞춤인 것이다. 아이에게 여러 가지를 시험해보고 그중 자녀에게 가장 적합한 방법을 찾으면 된다. 참고로 우리 학원에서는 초등 6학년에게 1929년, 1238년처럼 무작위로 강사가 연도를 제시하고 그 해 발생한 사건을 1~2초 만에 대답하게 하는 훈련을 매일 100문제씩 풀고 있다. 100문제를 푸는 데 15분도 안 걸린다. 이것도 가정에서 간단히 해볼 수 있는 방법이다.

부모는 강사 역할을 맡아 연도를 말해주면 된다. 현지에 데려가는 방법도 효과적이다. 책상 앞에서 행정구역명이나 도청 소재지를 외우기보다 현장에서 직접 도청을 보는 것이 인상에 강하게 남는다. 물론 고성이나 사적지를 거닐다 보면 아이도 그만큼 사회 과목에 흥미를 갖게 된다. 과학 분야에서도 실제 체험은 중요하지만 그보다 사회 과목에서 부모가 더 쉽게 체험시킬 수 있다.

중요한 것은
자신의 손으로 논술하는 것이다

감각을 최대한 활용해 외운 내용도 최종 대학 논술시험 답으로 쓸 수 없다면 무의미하다. 인물명이나 사건명도 마찬가지다. 특히 역사 문제에서는 귀나 눈으로 아무리 알고 있어도 그 내용을 쓸 수 없다면 점수로 연결되지 않는다는 사실을 명심해야 한다.

우리 세대보다 IT기기를 손에 쥐고 사는 요즘 아이들은 검색 능력이 매우 뛰어나 역사적 사건에 대해 내용은 알고 있다고 인식하지만 실제로 쓸 수 없는 아이들도 많다.

역사 · 일반사회보다 지리가 더 중요하다

　초등학교 사회는 내용상 역사 · 지리 · 정치 · 경제 · 문화로 나뉜다. 이 중 내용이 너무 딱딱해 초등학생에게 어렵게 느껴지는 분야는 정치 · 경제 · 문화다. 하지만 정치 · 경제는 시험 출제 범위가 대체로 정해져 있어 해당 부분만 잘 외우면 무난히 답을 쓸 수 있으므로 공략하기 쉬운 분야다. 가장 간단히 생각할 수 있는 지리야말로 여간 어려운 과목이 아니다. 외워야 할 범위가 넓기 때문이다.

　또한 지리 요소는 역사와 달리 매일 변한다. 자연의 힘으로 새로운 섬이나 강이 생기거나 인간의 손으로 새로운 길이나 터널이 계속 만들어지고 있다. 이런 내용을 외워야 한다고 생각하면 아이들도 스트레스로 받아들인다. 평소 지구본이나 지도를 보며 자녀와 즐거운 대화를 나누는 환경을 만들어보자.

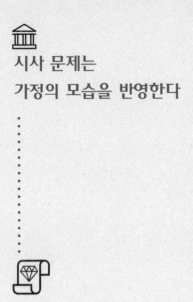

시사 문제는
가정의 모습을 반영한다

최근 중학교 입시에서는 역사 · 지리 · 정치 · 경제 · 문화 각 분야를 시사 문제로 연결해 출제하는 경우가 늘고 있다. 가고시마(鹿兒島)가 대하 드라마의 무대가 된 해에는 가고시마 특산품과 유명인 등을 묻는 문제가 여기저기서 출제되었고 올림픽이나 월드컵 등 대규모 스포츠 이벤트가 개최되는 해라면 개최국 관련 문제가 부쩍 늘었다.

앞으로 대학 입시에서도 옛 역사 관련 문제는 줄고 오늘날을 살아가는 우리와 직접 관련된 시사 문제가 늘어난다고 한다. 취미 차원의 지식으로 가볍게 관심을 보이는 것이 아니라 자신들의 생활과 밀접한 문제로 눈을 돌리는 인간을 중시한다고 할 수 있다.

그런 의미에서 해당 학교가 위치한 지역 관련 문제를 출제하는 학교도 늘고 있다. 여학교에서는 아직 남학교만큼 이런 경향이 뚜렷하지 않지만 어쨌든 최근 중학교에서는 세상일에 흥미를 갖지 않고 책상에 달라붙어 공부만 하는 아이는 필요 없다는 의지를 볼 수 있다.

물론 공부를 못하면 안 되지만 여기에 플러스 요인으로 어느 학교나 사회성 있는 아이를 원하고 있다. 어떤 아이가 중학교 시험에 합격하냐고 묻는다면 머리 좋은 아이보다 호기심 강한 아이라고 답할 수 있다.

관심을 어디까지 넓혀야 할지 생각하면 한도 끝도 없지만 매일 뉴스에서 다루는 사건은 놓치지 말고 가능하면 가정에서 화제로 삼아 이야기 나누어 보고 자녀가 알고 싶은 내용은 함께 조사하는 습관을 갖도록 한다. 가능하면 TV 옆에 지구본과 지도를 두고 뉴스에서 언급되는 지역은 즉시 확인하는 것이 좋겠다. 시사 문제에 자녀가 어디까지 대처할 수 있는지 묻는다면 가정이 있는 모습 그대로 반영된다고 답할 수 있겠다.

1. 〈마법 천자문〉

• 출판사: 아울북 • 저자: 올댓스토리

무려 2천만 명의 독자를 통해 검증된, 한자가 즐거워지는 학습만화다. 읽기만 해도 저절로 기억되는 한자의 이미지 학습과 이야기 속에서 자연스럽게 익히는 스토리텔링 형식으로 어휘력 향상효과가 크고 카드놀이를 통한 풍부한 문장 구사력과 창의력 향상에 최적의 도서다.

2. 〈GO GO 카카오 프렌즈 9〉

• 출판사: 아울북 • 저자: 김미영

세계 역사·문화체험 학습만화다. 카카오 프렌즈에서는 저마다의 개성과 인간적인 매력을 지닌 라이언, 튜브, 어피치, 프로도, 네오, 튜브, 콘, 제이지 총 8명의 앙증맞은 캐릭터들이 위트 넘치는 표정과 행동으로 폭넓은 공감대를 만들고 유쾌한 웃음을 독자에게 선사한다. 미국, 영국, 일본, 프랑스, 독일, 이태리, 스페인, 인도, 중국에 이어 GO GO 카카오 프렌즈 10(이집트 편)도 출간 예정이다.

3. 〈I AM 시리즈〉

• 출판사: 주니어RHK • 저자: 김승민
• 삽화: 만화 스토리 작가협회 소속 작가 및 어린이 만화 전문가

직업탐구 학습만화다. 직업의 세계와 함께 해당 직업군에서 희생적으로 훌륭한 업적을 세운 현존 인물들을 소개하는데 아이들에게 먼 옛날 시대적 배경

까지 고려하며 누군가를 상상하지 않아도 되고 현 시대에 공감할 만한 이야기들이 감동을 선사한다. 굵직굵직한 사건 중심으로 총 6장으로 구성되어 있고 매 장마다 '지식쏙쏙' 코너가 있다.

4. 〈나는 오늘도 화가 나〉

- 출판사: 위즈덤하우스 • 저자: 릴라 리

아시아계를 무시하는 사회 분위기에 분노와 독설을 퍼붓는 한국계 소녀 킴이 이민사회에서 적응해가는 과정에서 일상 속의 인종차별과 성차별을 비판하고 비주류의 분노를 대변하고 있다. 간단한 일러스트와 짧은 글이지만 마음에 울림을 주기에 충분하다.

5. 〈7개 숟가락〉

- 출판사: 행복한 만화가게 • 저자: 김수정

1990년부터 2년여 동안 소년 만화잡지 주간 《소년 점프》에 연재되었던 작품이다. 가족 간 울고 웃는 사랑에 대한 이야기다. 작가는 만화 《아기공룡 둘리》로 유명한데 그의 따스한 정취와 인간미가 넘치는, 매우 유머러스하고 순박한 작품이다.

6. 〈과학상식 살아남기 시리즈〉

- 출판사: 미래엔 아이세움

아슬아슬한 모험을 통해 과학상식을 배우는 서바이벌 학습만화의 대명사다. 재미있는 만화를 통해 어려운 과학상식을 효과적으로 전달했다는 평가를 받았다. 이상기후, 자연사 박물관, 사막, 사파리, 조류세계, 토네이도, 에너지 위기, 미생물 바이러스의 세계, 땅속 세계, 방사능, 로봇 세계에서 살아남기 등의 버전이 있으며 미국, 일본, 대만, 태국, 베트남, 말레이시아 등에서도 큰 호응을 받고 있다.

7. 〈브리태니커 만화백과 세트〉

• 출판사: 미래엔 아이세움

문·이과 통합정보를 한 권으로 해결했다. 인문·사회, 자연과학 구분 없이 주제 관련 총체적 지식을 다루며 단편적인 정보 나열에 그치지 않고 주인공들이 배운 지식과 경험을 토대로 긍정적인 가치를 추구하는 모습을 그렸다. 직관적 이해를 돕기 위해 비주얼 요소를 활용했으며 첫머리에서 제공하는 인포그래픽은 핵심 내용을 시각적 이미지로 정리해 독자들의 흥미를 유발한다. 오랫동안 브리태니커가 구축해온 지식체계를 내용 분류의 기준으로 삼아 모든 영역에 대한 지식을 균형적으로 흡수하도록 도와준다.

8. 〈원더박스 인문·과학 만화 시리즈〉

• 출판사: 원더박스 • 저자: 마르흐레이트 데 헤이르

인문, 과학, 만화, 사회 총 4부작이다. 철학과 과학, 종교, 사회의 역사와 이론, 사상, 배경 등을 만화책 한 권에 담아냈다. 저자는 과학과 철학, 종교, 사회가 우리 일상과 멀리 떨어진 것이 아니라 바로 우리의 생각, 행동과 밀접한 관계가 있음을 환기시키며 나아가 어떻게 살아가야 할지에 대한 분명한 메시지를 던진다.

9. 〈WHY 학습만화 시리즈-그랜마 영어〉

• 출판사: 예림당

재미있는 이야기가 담긴 스토리텔링 기법으로 영어학습에 대한 관심을 유도한다. 영어회화 표현을 하나의 유형으로 만들어 다양한 상황에 적용하도록 정리했다. 한 단원이 끝나면 듣기, 말하기, 읽기, 쓰기 통합학습 문제로 실생활에서의 영어 응용력을 키워주고 문제의 해설은 QR코드를 찍으면 동영상으로 확인할 수 있다.

10. 〈만화 유쾌한 심리학 1〉

• 출판사: 파피에   • 저자: 배영헌, 박지영 원작

네 마음을 읽어봐? 내 마음을 훔쳐봐!

심리학 개념들을 쉽고 친근감하게 설명해 대중적 심리학 책의 새로운 지평을 연 베스트셀러다. 인상과 호감, 애정, 환경, 스트레스의 원인과 대처, 감각과 지각, 배움의 기초 등 일상 속 심리학 주제를 만화로 재미있게 풀어냈다. 실생활에서 벌어졌거나 일어날 수 있는 일들을 사례로 설명했으며 각 장마다 실생활 관련 연구의 결과들을 소개했다. 상대방의 마음을 읽고 행동을 예측할 수 있는 심리 이야기를 흥미롭게 전해준다.

You can do it

제6장

여자아이가 조급해하지 않는
15가지 공부 환경 만들기

여자아이가 공부를 향해 전력질주하게 하려면 좋은 환경을 만들어주는 것이 필수적이다. 인간관계에 좌우되거나 남과 비교하는 경향이 있는 여자아이에게는 다른 아이의 좋은 방법을 적극적으로 모방하거나 나중에 조급해하지 않도록 선행학습 등의 시간 관리가 효과적이다.

이번 장에서는 이것을 위해 가정에서 할 수 있는 실천적인 습관 기술을 공개한다.

여자아이가 공부할 때는
소지품이 중요하다

아이들에게 공부는 처음부터 즐거운 일이 아니다. 게다가 여자아이는 평소 만족도가 남자아이보다 낮아 지루하게 느끼기 쉽다. 이런 여자아이가 동기부여를 높이며 공부하려면 거기에 맞는 환경이 필요하다. 귀여운 책가방에 필통, 캐릭터가 그려진 펜, 사용할 일이 별로 없을 것 같은 화려한 지갑 등도 갖고 싶은 문구품이라면 준비해 둔다.

여자아이에게는 공부하는 자신이 주변에 어떻게 보이는가가 중요해 모두가 가진 문방구가 자기에게만 없으면 불안하다. 안심하고 공부에 집중하려면 주변에서도 합격점을 줄 수 있는 환경을 만들어주는 것이 좋다. 단, 소지품에만 마음이 팔려있다면 주의해야 한다. 앞에서 설명했듯이 이런 마음은 공부에서 벗어나고 싶다는 신호다.

여자아이는 친구 관계에 따라
성적이 쉽게 바뀐다

여자아이에게는 엄마나 친구의 좋은 면을 흉내 내려는 특징이 있다. 단어장으로 영어 단어를 외우는 여자아이가 우리 학원에 있었다. 그것을 본 주변 여자친구들이 훌륭한 방법이라며 다음날부터 모두 따라했다. 한편, 남자아이는 좋은 방법인지 아닌지 알지도 못한다. 여자아이는 어떤 아이나 공부할 때 나름대로 연구해 본인에게 적용시키고 옆에서 지켜본 아이가 좋은 방법이라고 생각하면 따라하는 경향이 있어 아이디어가 몇 사람 사이에서 공유된다.

"○○이가 하고 있었어.", "○○이가 갖고 있었어."라는 이야기는 여자아이에게 매우 중요한 주제다. 이런 행동이 좋은 방향으로 작용하면 열심히 하려는 동기부여가 된다. 한편으로는 모방이 마이너스로 작용하는 부분이 없지는 않다.

예를 들어, 대부분 여자아이는 독서를 좋아하는데 읽는 책도 주변의 영향을 받는다. 같은 초등학교에 다니는 아이라도 중학교 입시를 치르는 아이들은 어른이 읽을 만한 어려운 책을 좋아하고 시험을 보지 않는 아이들은 가벼운 소설책에 심취되곤 한다.

좋게 말해 여자아이는 친구에 의해 성적이 올라가고 잘못하면 친구 때문에 학력이 떨어지기도 한다. 실제로 이런 현상들이 일어나므로 부모는 여자아이의 학교 선택에 신경써야 한다. 부모가 잔소리하는 데는 한계가 있으므로 함께 성적을 올릴 수 있는 친구와 사귀도록 길을 안내해주길 바란다.

거실 공부보다
혼자 하는 공부가 효과적이다

남자아이는 부모가 지켜보지 않으면 하고 싶은 대로 하고 아직 어려서인지 혼자 있으면 외롭다고 느끼는 경향이 있어 압도적으로 거실 공부가 맞지만 정신연령이 높은 여자아이는 혼자 공부할 장소가 필요하다.

여자아이는 초등학교 고학년만 되어도 목욕도 혼자 하고 싶어한다. 신체가 변하고 있다는 이유뿐만 아니라 평소 주변에 맞추어 남의 눈을 의식하며 살기 때문에 혼자만의 시간을 갖고 싶어한다.

공부도 마찬가지다. 가족의 응원을 느낄 수 있는 거실도 좋지만 자기 방에 들어가 공부하고 싶어하는 아이들도 늘고 있다. 또한 혼자 공부할 수 있는 여자아이는 성적이 향상되는 경향이 있다.

거실 공부가 좋은 이유는 부모나 형제가 각자의 일을 할 때 들리는 소음이 듣기 좋은 배경음악이 되어 아이를 안심시키기 때문이다. 외로움을 타는 남자아이에게는 이 배경음악이 효과가 있지만 여자아이는 시끄럽다고 느끼며 안절부절 못한다.

무엇보다 한층 더 공감해 주어야 할 부모가 자신이 공부하고 있는데 옆에서 야구 중계를 보고 있다면 '나는 열심히 하고 있는데 뭐하는 거지?'라고 생각할 수 있다. 요즘 거실 공부 붐이 일고 이것을 아이에게 요구하는 부모가 늘고 있지만 환경을 중시하는 여자아이를 복잡하고 좁은 거실에서 무리하게 공부시키면 역효과다. 공부를 잘하는 초등학교 고학년 여자아이일수록 자립심도 강해진다.

신뢰관계를 돈독히 쌓은 부모라면 자녀 본인의 의사를 존중해주고 믿어주는 자세가 중요하다. 여자아이에게 거실 공부를 강요하지 말고 자기 방에서든 어디서든 자유롭게 선택하게 한다. 참고로 자기 방에서 안 나오고 공부하던 여자아이가 입시를 눈앞에 두고 거실로 나오는 경우가 있다. 시험이 두려워졌기 때문이다. 시험 날짜가 다가올수록 느끼는 불안이나 긴장을 이해하고 편한 마음을 가질 수 있는 환경을 만들어 주어야 한다.

여자아이에게는
항상 효율을 인식시킨다

　남자아이가 최상위권의 우등생이 아니라면 부모가 공부 시간을 만들어 주어야 한다. "샤워하기 전에 숙제부터 해라.", "저녁 먹기 전에 15분이라도 좋으니 영어 단어를 외워라." 등 남자아이는 강제로 시키지 않으면 좀처럼 혼자 공부하지 못하지만 여자아이는 공부 시간을 스스로 관리할 수 있어 자신의 계획대로 움직이면 아이의 의사를 우선시한다.

　부모님이 자신을 믿고 있다는 마음이 들면 여자아이는 게으름 피우지 않는다. 여자아이는 오히려 너무 열심히 하려고 해 수면 부족 상태를 걱정해야 한다. 주변 사람을 신경 쓰는 여자아이는 "○○은 12시까지 공부하는 것 같아."라고 알게 되면 12시 반까지 공부해야만 직성이 풀린다.

이렇게 서로 견제하며 수면 시간이 점점 줄어드는 경우가 실제로 있었다. 장기간의 수험생활에서는 강한 체력도 필수다. 장시간 공부하다 보면 집중력도 떨어지기 마련이다. 여자아이에게는 효율 중시를 가르치고 집중할 수 있는 시간을 스스로 발견하게 만들어 주어야 한다.

엄마의 집안일 등은 훌륭한 본보기가 될 수 있다. 바쁜 엄마들은 집안일을 하느라 자신만의 시간을 제대로 누리지 못한다. 잠시 짬이 나면 화장실 청소를 하고 요리 중간에 세탁기를 돌리면서 효율적으로 집안일을 처리한다. 자신이 쉽게 할 수 있는 방법을 발견하면 되지 다른 가족이 이러쿵저러쿵 논할 문제는 아니다. 주변을 의식하는 여자아이지만 공부에 집중할 수 있는 장소의 결정은 스스로 내리면 된다. 누가 말하지 않아도 시간 관리를 잘 하고 있으므로 자신감을 갖고 아이 자신이 결정하게 한다.

15분 공부 규칙으로 등수 차이를 벌린다

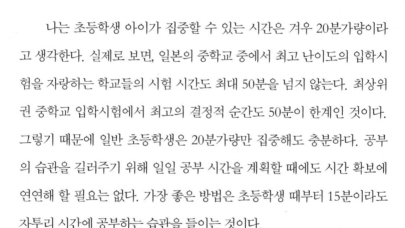

　　나는 초등학생 아이가 집중할 수 있는 시간은 겨우 20분가량이라고 생각한다. 실제로 보면, 일본의 중학교 중에서 최고 난이도의 입학시험을 자랑하는 학교들의 시험 시간도 최대 50분을 넘지 않는다. 최상위권 중학교 입학시험에서 최고의 결정적 순간도 50분이 한계인 것이다. 그렇기 때문에 일반 초등학생은 20분가량만 집중해도 충분하다. 공부의 습관을 길러주기 위해 일일 공부 시간을 계획할 때에도 시간 확보에 연연해 할 필요는 없다. 가장 좋은 방법은 초등학생 때부터 15분이라도 자투리 시간에 공부하는 습관을 들이는 것이다.

　　이 작은 습관만으로도 학업 격차는 점점 커진다. 불과 15분이지만 할 수 있는 일이 많다. 15분 단위로 할 수 있는 일을 확인하고 틈새 시간을 활용하고 공부 습관이 몸에 익으면 외출한 곳에서도 잠시 시간 날 때마다 공부할 수 있다.

등교 전 15분을 공부하는 습관으로 만든다

　피로가 쌓인 저녁 시간보다 정신이 맑은 아침 시간대가 더 업무 효율이 높다고 생각하는 직장인이 많을 것이다. 이런 기분은 아이들도 마찬가지다. 등교 후 6교시 수업을 받고 끝나자마자 학원으로 달려가 공부하고 돌아온 이후 시간보다 통학 전 아침 시간대의 아이들의 머리가 더 맑다. 이 시간대에 15분이라도 좋으니 공부할 수 있도록 습관을 길러주자.

　맞벌이에 아이가 학원을 다닌다면 가족이 완전체로 모일 수 있는 때는 아침 시간뿐이다. 부모가 아이의 공부에 관여할 수 있는 시간을 만들자. 아침 시간에는 어려운 문제를 풀 필요가 없다. 학교에 지각하지 않도록 영어 단어 30개를 쓰거나 계산 문제 3개 정도를 푸는 것만으로도 충분하다. 또는 아침 뉴스를 시청하고 관심있는 사건을 주제로 삼아 함께 이야기해 보는 것도 좋다.

20분 단위로 나눈다

초등학생이 집중할 수 있는 시간은 20분이 좋다고 말했다. 계획 없이 장난치며 시간 보내지 않도록 한 번의 공부 시간을 20분 단위로 나누어 본다. 이때 타이머나 스톱워치를 사용해 시간을 재면 아이에게 매우 쉽게 접근해 설득할 수도 있다. 처음에는 시간을 세밀히 나누길 권한다. 중학교 입시에 출제되는 최소 단위 계산 문제는 보통 실력의 아이가 푸는 데 대체로 2분가량 걸린다. 1분만 집중할 수 있다면 문제는 1개도 풀 수 없으므로 최소 2분은 집중해야 한다.

정신이 더 산만한 남자아이와 달리 여자아이는 처음부터 5분 동안 집중할 수 있다. 부모가 옆에서 스톱워치를 갖고 5분 안에 계산 문제 2개를 푸는 학습을 게임하는 기분으로 해본다면 집중력은 더 높아진다.

여자아이의 독서 기피는
수험생으로서 큰 핸디캡이다

　중학교 입시에서 요구하는 여자아이의 집중력은 남자아이와 조금 다르다. 남자아이는 어려운 수학 문제를 단시간에 몰아 푸는 집중력이 필요하지만 여자아이는 시간을 들여 자세히 읽고 해석하는 능력을 요구하므로 독서는 매우 효과적이다.

　글자를 보며 이야기를 이해하려면 집중해 읽어야 가능하기 때문이다. 이 부분이 TV나 동영상과 큰 차이다. 학습 능력이 높은 여자아이일수록 어른들이 읽을 만한 책을 읽는다. 우리 학원에서도 우등생으로 꼽히는 한 여자아이는 나오키상(直木賞), 아쿠타가와상(芥川賞), 서점대상(本屋大賞) 등 일본의 유명 문학상을 수상한 작가들의 책을 읽는다. 물론 무리해 시킬 필요는 없다. 본인이 집중해 읽을 수 있다면 가벼운 소설책도 상관없다. 단, 집중 몰입훈련으로는 효과가 약하다. 그래도 안 읽는 것보다 낫다. 여자아이의 독서 기피는 중학교 수험생에게는 핸디캡이다.

여자아이는 TV에 빠지면
헤어날 수 없다

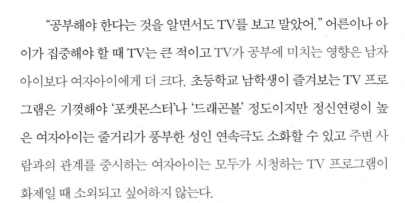

"공부해야 한다는 것을 알면서도 TV를 보고 말았어." 어른이나 아이가 집중해야 할 때 TV는 큰 적이고 TV가 공부에 미치는 영향은 남자아이보다 여자아이에게 더 크다. 초등학교 남학생이 즐겨보는 TV 프로그램은 기껏해야 '포켓몬스터'나 '드래곤볼' 정도이지만 정신연령이 높은 여자아이는 줄거리가 풍부한 성인 연속극도 소화할 수 있고 주변 사람과의 관계를 중시하는 여자아이는 모두가 시청하는 TV 프로그램이 화제일 때 소외되고 싶어하지 않는다.

그래서 여자아이가 TV에 빠지면 좀처럼 벗어날 수 없게 된다. 어른들이 여자아이의 이런 사정을 잘 인식해 공부 도중 휴식 시간에는 TV 말고 독서를 즐길 수 있게 만든다.

여자아이는 나중에 따라잡기보다
시작부터 미리 앞서나가는 것이 기본이다

여자중학교 입시에서는 암기 문제가 상당히 많이 출제된다. 사회는 물론 과학에서도 계산 문제보다 암기 지식 양을 주로 평가한다. 또한 여자아이는 중간부터 다른 사람을 따라잡아야 하는 전투력을 별로 좋아하지 않아 시작부터 미리 앞서 나가는 전략을 펴야 좋은 결과를 맺는다. 그런 의미에서라도 반드시 시험에 나온다는 사회나 과학 암기 지식에 관해서는 일찍부터 조금씩 외워 두는 것이 유리하다.

그래서 국어나 수학을 잘하는 아이는 국어나 수학을 물론 소홀히 하면 안 되지만 매일 공부할 때 사회와 과학 암기 항목은 반드시 공부 시간에 넣어야 한다. 먼저 두 과목을 공부한 후 오늘도 많은 내용을 외워 점수를 얻을 실력을 쌓았다고 인식하고 안심한 후 국어와 수학 공부로 이어나가면 좋겠다.

풀이 속도는
절대적 기초 학습 능력에 비례한다

어떤 스포츠든 본격적으로 경기에 들어가기 전 반드시 워밍업을 한다. 워밍업으로 몸을 가열시킨 상태에서 근육을 풀면 몸동작이 가벼워진다. 아이들이 공부에 돌입할 때는 두뇌 워밍업이 필요하다. 두뇌 워밍업에는 가로세로 연산처럼 단순한 계산 문제가 적합하다. 가정에서 가로세로 연산을 시킬 때는 시간을 잰다.

시간을 재면 아이의 절대적 기초 학습 능력과 변화를 알 수 있다. 푸는 속도가 빨라지는 만큼 집중력도 높아지기 마련이다. 학교나 학원 시험에서는 등수나 평균치 등 상대적 학습 능력만 평가하므로 개인의 절대적 학습 능력에는 좀처럼 초점을 맞출 수 없지만 아이 나름대로 성장하고 있는지 살펴보는 것이 중요하다. 시간을 재면서 가로세로 연산을 하고 속도를 높여가는 훈련을 반복하면 아이의 기초 학습 능력은 절대적으로 성장하며 부모와 아이 자신도 실감할 수 있다.

이처럼 타고난 머리를 탓하지 않고 노력하는 가치를 느낄 수 있는 경험 중 가장 좋은 방법이 바로 매일 수행하는 워밍업이다. 단, 100×100 가로세로 연산을 할 수 있는 집중력만으로는 다른 아이와 차이를 벌리는 수준까지 올라가지 않는다. 가능하면 200×200 가로세로 연산으로 워밍업하게 한다. 200×200 가로세로 연산을 한 번에 해낼 수 있는지 여부가 시금석이고 지표가 된다. 물론 수준을 더 높일 수도 있으며 우리 학원의 6학년 우등생은 800×800 가로세로 연산을 단숨에 끝내 버린다.

연습문제는 시간이 아닌 개수에 중점을 둔다

"하루 몇 시간 동안 공부시켜야 좋을까요?" 중학교 입시를 생각하는 부모님들의 흔한 질문이다. 하지만 야근 시간만 길고 생산성이 낮은 직장인이 좋은 평가를 못 받듯이 아무리 긴 시간 동안 공부해도 책상에 멍하니 앉아만 있다면 무의미하다. 자녀의 생산성을 끌어올릴 관리가 필요하다. 하지만 열혈 스타일인 아빠들이 여전히 많아 "내가 어릴 때는 매일 5시간씩 공부했다."라며 공부한 시간만 강조하기도 한다. 반면, 엑셀을 사용해 자녀가 푼 문제를 관리하며 시간은 상관없이 성과만 보고 있다는 아빠도 있다.

열의는 필요하지만 문제를 잘 풀었는지 살펴보는 것도 중요하다. 풀어야 할 문제 수를 늘리는 만큼 합격에 가까워진다. 같은 10개 문제를 푸는 데 1시간 걸리는 것보다 30분 만에 끝내는 것이 당연히 좋다.

나머지 30분을 다른 문제를 푸는 데 사용할 수 있기 때문이다. 시간을 많이 허비하면 안 되니 얼마나 많은 문제를 풀 수 있었는가를 보는 생산성이 중요하다는 사실을 어릴 때부터 이해시키는 노력이 중요하다.

생산성은 시간이 정해진 중학교 입시에서는 물론 사회인이 된 후에도 필요하다. 그러기 위해 타이머나 스톱워치를 사용해 시간을 재고 짧은 시간 동안 최대한 실력을 발휘해보는 경험이 필요하다.

초등학생이 미지의 지식을 배우는 것은
비효율적이다

예습·복습은 세트처럼 취급되는데 전혀 성격이 다르다. 초등학생에게는 예습이 필요없다고 나는 생각한다. 배운 내용을 확인하는 복습에 비해 미지의 지식을 나름대로 해석해야 하는 예습은 초등학생에게 너무 어렵기 때문이다. 게다가 그 해석이 정확하다고도 할 수 없을 뿐만 아니라 틀린 내용으로 공부할 위험도 있다.

그래서 예습은 멈추고 귀중한 시간을 복습으로 채우길 바란다. 복습 시간도 점점 줄여나간다. 학교나 학원을 포함해 수업 시간에 배운 내용은 수업 중에 이해하고 생산성을 고려하면 몸에 익히는 습관이 가장 좋은 학습법이다. 단, 이 방법은 선천적으로 머리가 좋은 아이가 아니면 간단히 따라 할 수 없다. 평범한 아이는 복습을 얼마나 효율적으로 해나갈 것인가가 중요하다. 복습의 목적은 수업 시간에 몰랐고 애매

했던 내용을 확실히 이해하는 것이다. 복습에 소홀해 이해하지 못한 상태로 놔두면 다음 시간의 수업 내용을 더 이해할 수 없게 된다. 복습을 제대로 못 하는 자녀와 함께 생각하고 가르쳐 이제야 제대로 이해했다고 납득시킨다. 몰랐던 내용을 곱씹어 확실히 납득시키는 훈련을 반복하다 보면 결국 수업 시간 안에 제대로 이해할 수 있게 된다.

가성비 낮은 과목에
집착하지 않는다

입시에서 합격 커트라인 점수를 따려면 과목별 공부 시간 할당 효율도 고려해야 한다. 비즈니스 시장에서 4가지 제품을 판매하면서 순이익 경쟁을 벌이고 있다면 원가가 낮은 제품, 잘 팔리는 제품 등을 고려해 가성비 높은 상품에 더 주력한다.

수험생활에서도 시간 대비 효율을 생각해야 한다. 이때 중요한 점은 자녀의 공부에서 가성비 결정 요소가 매일 바뀐다는 사실이다. 좋아하는 수학이 엄청나게 성장하는 때가 있다면 자신이 없던 국어가 약간 좋은 성적을 낼 때도 있다. 자녀의 상황에 따라 합격 점수를 최고로 높일 방법을 생각해야 한다. 취약 과목 극복은 필요하지만 더 중요한 것은 합격 전략이다.

성적이 좀처럼 오르지 않으면
4개 과목 모두 공부시키지 않는다

　어떤 아이든 성적이 오르지 않아 고민할 때가 있다. 부모는 물론 아이도 초조하지만 이 시기를 잘 이용하면 이후 상황에서 크게 성장시킬 수 있다. 성적이 오르지 않아 고민이라면 4개 과목을 모두 공부하면 안 되고 한 과목에만 초점을 맞춘다. 4개 과목을 공부했지만 아무것도 성적이 오르지 않으면 아이는 어떤 공부를 해도 성적이 안 오른다, 이제 희망이 없다며 자신감을 잃고 만다.

　실제로 4개 과목을 모두 공부하면 한 과목에 투자하는 시간도 정해져 있어 열심히 공부한 것에 비해 결과가 나오지 않는 경우가 많다. 한편, 한 과목에 집중하면 대부분 성적이 오른다.

　아이는 결과를 보고 순진무구한 아이답게 "어! 성적이 올랐네!"라며 기뻐한다. 성실한 여자아이는 언제든 모두 공부해야 한다고 생각하는 경향이 있다. 이런 생각을 바꾸어 국어 등 잘하는 과목에 집중해 자신감을 되찾게 해주어야 한다.

제7장

성적이 오르는 여자아이 부모의 26가지 습관

자녀의 학습 능력은 부모의 습관으로 결정된다.

여자아이는 규칙을 잘 지키지만 주변 환경이나 인간관계에 휩쓸리기 쉽다. 그렇다면 합격하는 아이의 부모는 섬세한 여자아이에게 칭찬과 질책, 응원을 어떻게 할까? 이번 장에서는 자녀를 위해 부모가 지금 당장 실천할 수 있는 자녀 양육 법칙을 모아 보았다.

안심하고 어떤 이야기든
대화로 풀 수 있는 환경을 만들어준다

기본적으로 공부는 수업을 듣는 행위이지만 이처럼 초등학생이 듣는 수업을 효율적으로 활용하려면 부모-자녀 간 커뮤니케이션이 필요하다. 자신이 아는 내용과 모르는 내용을 자녀가 부모에게 정확히 전달하지 못하면 엉뚱한 데 노력을 쏟아부을 수도 있기 때문이다.

여자아이는 남자아이보다 모른다고 말할 수 있지만 그렇게 말하는 자신에게 상처받는 부분이 있다는 사실을 이해해야 한다. 여자아이의 뇌는 모든 사람을 의식해 열심히 하고 모두 기뻐하는 모습에서 자신의 가치를 발견하므로 사실 주변 사람에게 모른다고 말할 때 괴로워한다.

이때 충분히 공감해주는 후방 지원이 필요하다. 여자아이 혼자 자신감을 잃지 않도록 평소 안심하고 무슨 일이든 이야기할 수 있고 주변에서 지원해주는 환경을 만들어주어야 한다.

부모도 함께 노력하고 있다는 모습을 보여준다

우리 세대가 초등학생이던 시절에는 더 천진난만하게 놀았지만 요즘 아이들은 그렇지 못하다. 무엇보다 중학교 입시를 준비 중이라면 아이 나름대로 상당한 압박감과 싸우고 있다는 사실을 부모가 먼저 이해해야 한다. 아이의 상태를 이해한다면 거실에서 공부 중인 자녀 옆에서 술주정을 부릴 수는 없을 것이다.

술을 마신 이유가 회사 일이 너무 힘들었든 거래처 접대였든 자녀와 상관없다. 지금 눈앞의 부모의 모습이 전부다. 주말에 주택가 카페에 가보면 공부하는 아이들을 흔히 볼 수 있다. 이런 아이의 눈앞에서 아빠들이 자주 노트북으로 일하고 있다. 어쩌면 아빠는 피곤해 집에서 한숨 자고 싶을지도 모르지만 아빠가 눈앞에서 멋지게 일하고 있다면 아이는 속으로 기뻐하며 커서 아빠처럼 되고 싶다고 생각할 것이다.

의사 자녀가 의사가 될 확률이 높은 것은 두뇌나 집안의 재력보다 역시 아빠가 환자를 정성껏 치료하는 모습을 보고 생긴 존경심 때문일 것이다. 아이가 바라보는 부모의 모습은 학력이나 직장과 같은 조건과 상관없다. 부모의 원래 모습이 중요하다. 부모가 서울대 출신이어서 좋다는 말이 아니라 고졸이더라도 자녀가 본받고 싶은 모습을 보여줄 수 있는지가 중요하다.

부모는 다른 생각을 하면서 말로만 자녀에게 열심히 하라고 독려하는 것은 어불성설이다. 특히 여자아이에게는 자신이 가족으로부터 공감받는 존재라는 사실이 매우 중요하다. 부모는 자녀에게 항상 같은 방향을 바라보고 함께 노력하고 있다는 모습을 보여주어야 한다.

아이는 책을 읽지 않는 부모를
꼭 닮아간다

독서 행위는 스스로 문자를 읽으며 이야기를 이해하는 고도의 작업이며 모든 학습의 기본이다. 자녀의 독서 습관 여부는 중학교 시험뿐만 아니라 긴 인생을 생각할 때도 매우 중요한 요소다. 회사에서도 일을 잘하는 직원은 분명히 책을 즐겨 읽는다. 원래 독서를 좋아하는 여자아이들이 많다. 그렇지 않다면 국어에 핸디캡이 있을 것이다. 부모가 책을 읽으면 자녀가 독서를 좋아할 수도 있다.

실제로 독서하는 습관이 부모에게 없다면 자녀도 책을 읽지 않는 경향이 있다는 사실은 데이터를 통해서도 알 수 있다. 반드시 더 많은 시간 동안 책 읽는 모습을 자녀에게 보여주어야 한다. 엄마, 아빠가 책을 읽은 소감을 서로 주고받는 것도 보기 좋은 모습이다. 여자아이는 어른용 책도 잘 읽으므로 동참시켜도 좋을 것이다.

자녀가 품은
'왜?'를 포착해 함께 생각해본다

뉴스를 보기만 해도 자녀의 마음속에 '왜?'라는 의문은 더 많이 생긴다. "일식 현상은 왜 일어나지?", "이스라엘에서 왜 테러가 일어나는 거지?" 부모는 아무리 바쁘더라도 자녀가 품은 '왜?'를 흘려듣지 말고 포착해 함께 생각해보아야 한다. 이때 부모는 이미 그 답을 알고 있더라도 'OO다'라고 단번에 답을 가르쳐 주지 말고 수고스럽지만 함께 조사해보는 태도가 중요하다. 이 과정을 통해 자녀는 더 즐겁게 배울 수 있다. 인터넷으로 손쉽게 알아보지 말고 지구본, 지도, 도감 등을 준비해 조사해보는 것이 바람직하다. 물론 부모가 답을 모른다고 어물쩍 넘어가면 안 된다. 모르는 내용은 "아빠도 모르겠네. 함께 알아보자." 라는 정도로 충분하다.

부모가 몰랐던 사실을 아이 자신이 알게 되면 부모를 이겼다는 생각에 큰 기쁨을 느끼고 다양한 분야에도 흥미를 보이며 관심 범위를 넓혀나갈 기회로 삼을 수 있다. 부모가 먼저 자녀의 호기심을 자극하는 질문을 던져보길 바란다.

내가 아는 한 도쿄대생은 어릴 때 부모님이 자주 질문했다고 한다. "올해 사과값이 왜 이리 비싼지 아니?" "미국에서는 일반인도 왜 총을 소지한다고 생각하니?"라는 질문이다.

여러분도 자녀에게 다양한 주제들로 질문해보길 바란다. 물론 아이가 "왜 그렇지?"라고 관심을 가질 만한 주제를 골라야 한다. 너무 어려운 주제를 거론하면 아이는 재미를 못 느낀다. "재정경제부가 서류를 왜 일부러 고쳤다고 생각하니?" 이런 질문을 해도 아이는 흥미를 못 느끼고 부모가 제대로 설명해도 이해하지 못한다. 부모의 자기만족에서 끝내지 말고 어디까지나 자녀가 관심을 보일지 아닐지 잘 판단해야 한다.

가장 신뢰받는 사람은
꾸중하지 않는다

신뢰를 중시하는 여자아이에게 이런 면이 있다는 사실을 이해한 후 혼내야 한다. 여자아이는 가장 신뢰하는 사람에게서 꾸중받는 것을 싫어한다. 그래서 가장 신뢰하는 사람은 어디까지나 아이 편의 정예요원으로 남고 두 번째로 신뢰하는 사람부터 꾸중해야 효과적이다.

우리 학원에서는 학교 담임선생님과 같은 담당 강사가 있는데 대체로 여자아이들은 원장인 나보다 담당 강사를 더 신뢰한다. 쓴소리할 상황에서 담당 강사가 주의를 주면 여자아이는 우리 학원에서 마음 둘 곳이 없어졌다고 느끼므로 내가 대신 꾸중한다. "뭐야? 이 점수는. 과학을 열심히 하겠다고 했잖아. 약속과 다르네?" 그리고 가장 신뢰하는 담당 강사는 여자아이의 아군이 되어 함께 대책을 강구한다. "○○아, 아까 기분 나빴지? 원장님이 너무 상처받는 얘기를 해서 화났지? 그럼 과학 공부하는 방법을 조금 바꿔볼까?" 이렇게 위로해주면 여자아이는 강사와의 신뢰관계가 더 견고해진다고 느끼고 공공의 적인 원장의 코를 납작하게 해주려고 둘이 세운 작전을 착실히 실행하게 된다.

결과적으로 과학 성적이 오르기 때문에 꾸중한 목적은 달성될 수밖에 없다. 가정에서도 여자아이에게 꾸중하고 싶을 때 자신이 딸의 가장 큰 신뢰를 받는 존재라고 느낀다면 한 발 물러나 다른 사람에게 그 역할을 맡겨야 한다.

여자아이에게는
칭찬 80%, 꾸중 20% 비율을 유지한다

　여자아이는 남자아이와 달리 꾸중받은 이유를 잘 이해하므로 여자아이를 여러 번 꾸중하면 안 된다. 칭찬 80%, 꾸중 20% 비율을 맞추고 꾸중이나 칭찬을 할 때는 여자아이에게 근거를 확실히 제시하는 것이 중요하다. 가능하면 수치 등 객관적인 자료를 제시한다. 여자아이는 성실하므로 꾸중을 받으면 일단 상처를 받는다. 거기다 감정을 건드리면 좀처럼 다시 일어설 수 없다.

　여자아이를 꾸중할 때는 심한 잔소리나 자존심에 상처를 주고 싶은 마음을 버리고 근거를 제시해가며 조용히 한마디만 전하면 충분하다. 칭찬할 때도 마찬가지로 근거를 보여주지 않으면 "그냥 듣기 좋으라고 하는 소리네.", "잘하라고 부추기고 싶나 보네."라고 속마음을 쉽게 간파당한다. 이런 칭찬은 여자아이와의 사이에 구축된 신뢰관계를 너무나 쉽게 무너뜨리므로 조심해야 한다.

여자아이를 성공시키려면
웃는 얼굴로 대해주어야 한다

축구경기에서는 이기는 팀의 선수가 기합이 잔뜩 들어간 비장한 표정을 짓지만 이것은 남자아이들의 이야기일 뿐이다. 여자팀은 웃음꽃이 터져 나올 때 좋은 결과를 낸다. 2011년 독일 여자 월드컵에서 승부를 결정짓는 페널티킥에 들어가기 전 일본 선수는 웃음을 보였지만 경기에 진 미국 선수는 굳은 표정이었다. 피겨스케이트 선수 아사다 마오(淺田眞央)도 스키점프 선수 다카나시 사라(高梨沙羅)도 딱딱한 표정으로 긴장했다는 느낌을 받았을 때 실패가 예상되었다.

아마도 평소 여자선수는 자신의 부정적인 포인트에 눈이 가는 경향이 있어 거기에 집중하면 평소 실력을 발휘하지 못하는 특징이 있기 때문일 것이다. 아이들의 수험생활도 마찬가지다. 부모는 이런 부정적인 부분에서 포인트를 전환해 해방시켜줘야 한다. 반드시 웃는 얼굴로 대해주길 바란다.

여자아이에게는
가끔 응원 메시지를 전해준다

여자아이를 대할 때 모든 부모는 철저히 지원자 입장에 서야 한다. 공부할 시간이 되어 자기 방으로 들어가려고 하면 "아, 지금부터 공부하려고? 신통방통하네, 열심히 해." 공부하러 거실로 나오면 종종 들여다보면서 "와, 우리 딸 잘하고 있네." 이런 식으로 말을 건네 항상 응원하고 있다는 메시지를 전달하는 것이 좋다. 단, 이런 응원이 부모의 기대감을 드러내지 않도록 주의해야 한다. 축구 응원단은 큰 소리로 깃발을 흔들며 응원하지만 응원석에서 경기장으로 뛰쳐나올 수는 없다. 어른이 되어가는 여자아이에게는 이런 거리감이 중요하다.

사사건건 너무 참견하지 말고 큰 소리로 응원해주는 태도가 필요하다. 목소리가 작으면 "응원해주지 않는다."라고 느끼므로 큰 소리로 응원해준다. 이런 면이 여자아이의 예민하고 재미있는 부분이다.

여자아이는 신호를 보내더라도
직접 말하지 않는다

아빠에게 여자아이는 어떡해야 할지 모를 존재다. 여자아이는 남자아이처럼 단순하지 않아 잘한다고 생각해 칭찬해주어도 "나 듣기 좋으라는 말이네?" 등으로 종종 받아들여 대면하기 어렵다고 느낀다. 하지만 포인트만 잘 잡는다면 여자아이는 남자아이보다 크게 성장할 수 있다. 단, 포인트를 좀처럼 알 수 없어 어렵다.

포인트는 아이마다 다르므로 자신의 딸에게 어떤 포인트가 있는지 이해하려면 잘 관찰할 수밖에 없다. 너무 가까이 접근해 노골적으로 쳐다보는 것도 싫어하므로 자녀가 부담을 갖지 않을 거리를 유지하며 지켜보아야 한다. 이렇게 보다 보면 여자아이가 보내는 신호를 눈치챌 수 있다. 여자아이는 자신의 기분을 입으로 말하지 않지만 신호를 보내고 있다. 내가 우리 학원의 학급 구성 변경 계획을 살짝 말했을 때의 일이다. "성적에 따라 4월부터 학급을 좀 바꿀 수도 있을 것 같다…" 그럼 윗반으로 올라갈 자신이 있거나 반대로 뭔가 SOS를 발신하는 여자아이는 그 순간 내 얼굴을 쳐다본다. 하지만 지금은 그런 이야기에 흥미가 없거나 학급 변경 따위를 하고 싶지 않다고 생각하는 여자아이는 시선을 아래로 떨어뜨리고 나를 쳐다보지 않는다.

한편, 남자아이는 거의 모두 밖을 쳐다보거나 손장난을 하고 있다. 그래서 이때 나는 남자아이에게는 전혀 관심을 주지 않지만 여자아이는 한 명 한 명의 반응을 놓치지 않으려고 노력한다. 뜬금없이 상상을 초월하는 행동을 하는 남자아이와 달리 여자아이는 행동의 연속성이 있어 자세히 지켜보면 "지금은 그냥 내버려두는 것이 좋겠다.", "대화 시간을 더 늘렸으면 좋겠다."라고 여자아이가 보내는 신호를 읽게 된다. 여자아이를 성장시키려면 일정 거리를 유지하며 최선을 다해 잘 살펴보아야 한다.

여자아이에게 가정은
정신적 기반이다

단순한 남자아이들과 달리 여자아이들은 생각을 있는 그대로 말로 표현하지 않는 경우가 자주 있다. 그렇다고 가족에게 마음을 열지 않는다는 말은 아니다. 가족에 대한 기대는 남자아이보다 훨씬 크다. 남자아이에게 가정은 밥을 먹거나 잠을 자는 등 심리적 공간의 의미가 큰 반면, 여자아이에게는 정신적 기반이다. 최소 단위이면서 가장 중요한 마지막 보루인 셈이다.

그래서 여자아이들이 말하기 싫어하는 이야기를 억지로 묻지 말고 먼저 이야기를 걸어오면 열심히 들어주는 자세가 필요하다. 또는 옆에서 단지 함께 울어주며 슬픔이나 괴로움을 공유해 주는 자세도 중요하다. "이 이야기는 엄마에게 말하자.", "이 이야기는 아빠에게 말하자." 라며 안심하고 마음을 터놓을 수 있는 가족이 되어야 한다.

여자아이가 '내가 의논할 수 있는 사람이 이 집에는 없다'라고 생각 한다면 그때부터 아이는 매우 힘들어한다.

학원 통학은 자유롭게 오갈 수 있도록 아이에게 맡긴다

여자아이는 성실하므로 학원을 오가는 길에도 공부하려고 노력한다. 하지만 그런 시간 정도는 여유롭게 보내도 좋다고 나는 생각한다. 부모는 학원에 데려다주거나 데려올 때 못 참고 "오늘은 공부 어땠어?"라고 묻고 싶어진다. 이때 학원 테스트에서 좋은 성적을 올렸다는 소식처럼 자신만만할 이야깃거리가 있는 상황이라면 좋겠지만 대부분 자신이 못한 일에 초점이 맞추어져 있으므로 엄마가 안 좋은 기억을 상기시키면 자신감을 더 잃는다.

게다가 요즘 아이들은 매일 너무 바빠 지쳐 있다. 학원을 오갈 때 멍하니 아무 생각도 안 하거나 공부와 상관 없는 이야기를 하거나 좋아하는 책을 읽는 등 자유시간을 주길 바란다. 학습 교재를 앞에 두고 있었으면 좋겠다고 절대로 생각하지 말라.

이때 아이들의 심신이 지쳐 있으면 공부를 아무리 많이 해도 머리에 들어오지 않는다.

취침 전 자신 있는 과목
공부를 시킨다

중학교 입시가 가까워지면 꿈을 꾸면서 가위 눌리는 아이들이 생긴다. "미안, 아직 끝나지 않았어.", "어쩌면 좋아, 시간이 모자라." 이런 잠꼬대를 하는 아이도 늘어난다. 누구든지 스트레스가 최고조에 달해 있다. 그런 아이들에게 하루를 마무리하며 어떤 기분으로 잠자리에 들게 하는가는 매우 중요한 주제다.

남자아이는 자신 있는 과목의 문제를 풀게 해 "해냈다!"라는 경험을 시킨 후 잠들게 하면 좋지만 여자아이는 만족감에서 얻는 안정감이 필요하다. 당연히 잘 풀 수 있는 간단한 문제를 주면 "겨우 이거?"라며 여자아이는 만족감을 못 얻는다. 아직 모르는 것이 있지만 일단 이 문제를 복습했다는 의미에서 개운한 만족감을 얻을 수 있다면 여자아이는 안심하고 잠들 수 있다.

배가 부르면
자발적 욕구가 생기지 않는다

입시 경쟁에서 이겨야 할 때는 어떻게 되든 상관없다는 무력감이 최대의 적이다. 어릴 때부터 무기력하면 성인이 되어 사회에 나와서도 특별히 하고 싶은 일이 없는 안타까운 상황에 처할 수도 있다. 하지만 요즘 아이들은 매일 스케줄을 소화하기에도 바쁘다. 'OO를 하고 싶다'라는 자발적 욕구를 가질 여유도 없다. 특히 맞벌이 가정은 외벌이 가정과 비교하면 아무래도 부모와 자녀가 함께 보내는 시간이 적어 부모가 잘해주지 못했다는 죄책감에 빠져 아이에게 돈을 쓰려고 한다. 결과적으로 배우고 싶은 과목, 배우고 싶은 운동, 학원에 더 많이 가라고 떠밀어 아이는 녹초가 되고 만다.

여자아이도 공부와 운동을 모두 잘하는 것이 이상적이지만 부모가 먼저 권한다고 가능한 것이 아니다. 자녀가 공부도 운동도 하고 싶다는 마음이 생겨야 가능하다.

'○○하고 싶다'라는 욕구를 키우기 위해 놀이는 매우 중요하다. 하지만 요즘 아이들은 놀아도 된다고 말해주어도 "엄마, 뭐하고 놀아야 돼요?"라고 고민한다. 나는 자주 "너무 배불리 먹이지 마세요."라고 부탁하는데 부모가 아이에게 원하는 것이 무엇이든 완벽히 제공해 포만감을 느끼면 아이는 ○○ 먹고 싶다는 생각을 하지 않는다. 아이에게 자립심을 키워주고 싶다면 과잉 공급은 금물이다.

전에 네덜란드에서 온 축구 지도자가 놀란 적이 있었다. "일본 고등학생은 축구 동아리 연습이 없다고 하면 왜 좋아하는가?" 자신이 축구 동아리 활동을 선택했다는 것은 축구를 좋아하기 때문일 것이다. 좋아하는 축구를 할 수 없다는데 왜 좋아하는지 정말 이해할 수 없다고 했다.

사실 오늘날 축구를 배우는 아이가 늘고 있지만 축구를 좋아한다고 말하는 아이는 반대로 줄었다. 뭔가를 계속 배우기 때문에 '하고 싶다'보다 '쉬고 싶다'라는 마음이 강해졌다. 사실 모르는 지식을 배우는 공부도 하고 싶은 마음이 당연히 있어야 하지만 무엇이든 배우며 받아들여야 하는 아이들은 진저리날 정도로 지쳐 있다.

여자아이는
복수가 특기다

복수가 효과적인 것은 여자아이들이다. 학원 봄학기 강습 등이 끝났을 때의 현상이다. 여자아이는 아직 수학이 부족하다, 과학이 전혀 되지 않고 있다는 말을 들으면 이미 다음 단계로 눈을 돌리지만 남자아이는 드디어 끝났다는 해방감만 만끽할 뿐 공부한 내용을 곱씹어 보려는 시도조차 하지 않는다.

초등학교 입시 때 실패한 학교를 중학교 입시로 재도전해보고 싶다거나 "저 학교보다 수준 높은 학교에 꼭 합격할 거야."라고 분명히 말하는 것은 여자아이다. 남자아이는 "아! ○○초등학교, 떨어졌던 것 같은데 잊어버렸다."라며 자신의 실패는 언급하려고 하지 않는다. 상처가 되기 때문이다. 여자아이는 남자아이보다 자신과의 싸움을 성실히 잘해낸다. 그래서 과거의 자신에 대한 복수는 여자아이에게 큰 동기부여가 된다.

훌륭한 아이가 되라고 강요하면
아이는 부러지고 만다

우등생 남자아이들은 여러 패턴이 있다. 수학만 좋아하는 아이, 공부와 운동을 동시에 잘하는 아이, 성격이 털털한 아이 등등. 하지만 여자아이는 패턴이 정해져 있어 도장으로 찍은 듯한 우등생 스타일이 대부분이다. 처음부터 패턴이 정해지는 것이 아니라 어른들이 그런 모습을 강요하기 때문이다.

특히 엄마는 우등생 여자아이에게 남자아이 이상으로 기대하는 경향이 강해 ○○는 뭐든지 잘하는 아이였으면 좋겠다며 요구사항이 많아진다. 또한 여자아이도 부모의 기대감에 부응하는 것을 기쁨으로 생각하며 목표도 높게 잡아 최선을 다한다. 하지만 무리해 목표를 높이면 아이는 부러지고 만다. 이때 여자아이는 불가능한 자신에게 큰 충격을 받고 한없이 의기소침해진다.

사실 무엇이든 한 분야라도 뛰어난 부분이 있다는 것만으로도 대단한 일이다. 팔방미인이 되길 기대한 나머지 잘하는 것 하나마저 망치진 말자.

자신의 실수를 직시할 수 있는 여자아이는
가장 강한 존재다

　기업에서 일하는 도쿄대 출신자를 보면 최근 지방 공립학교에서 도쿄대에 입학한 스타일과 유명 학교를 거쳐 입학한 스타일을 비교하면 후자가 직장인으로서의 강점이 있다고 말한다. 아마도 지방에서 신동으로 불린 아이는 진학한 학교에서 경쟁해 올라온 아이에게 패했던 경험, 좌절한 경험이 그만큼 적었기 때문이라고 생각한다.

　이런 경향은 물론 여자아이의 세계에서도 똑같이 나타나므로 꺾이지 않도록 신경 쓰면서 시행착오를 경험시키는 노력이 꼭 필요하다. 단, 여자아이는 실패를 겪는 것을 불편해한다. 통찰력이 있어 실패의 원인을 스스로 찾아낼 수는 있지만 보고 싶어하지는 않는다. 오히려 통찰력 덕분에 너무 잘 보여 깊은 상처를 받는다. 하지만 자신의 틀린 부분을 정확히 바라볼 수 있는 여자아이는 가장 강한 존재가 된다. 남자아이보다 깊은 부분까지 분석을 거듭하면서 시행착오를 두려워하지 않기 때문이다.

이런 여자아이는 시행착오를 스스로 반복해 성장하고 꽤 높은 위치까지 올라갈 수 있다. 여자아이 스스로 실패를 직시하기 위해서는 원인을 자세히 되돌아보고 납득하는 과정이 필수다. 그래서 부모나 주변 어른이 이런저런 어드바이스를 남발하면 안 된다. "어디까지나 모의고사 결과니까 너무 신경 쓸 거 없어. 그래도 수학은 이 상태로는 안 될 것 같네. 뭔가 방법을 바꿔볼까?" 이 정도에서 멈추고 여자아이가 "그럼 이렇게 해볼까?"라고 제안했을 때는 "모의고사 수학 점수가 나빴다는 실패의 결과가 있었지만 실패를 직시하고 비로소 새로운 방법을 발견했구나."라며 시행착오의 가치를 설명해준다.

20의 실패에서
80의 성공을 얻는다

평소 여자아이는 실패하지 않으려고 조심하므로 의외의 실패에 큰 충격을 받는다. 여자아이의 실패에 대한 충격은 남자아이의 4배나 된다. 반대로 성공에 대한 만족감은 남자아이의 1/4밖에 안 된다. 그래서 여자아이에게는 실패의 4배의 성공을 안겨 주어야 한다. 20의 실패에서 80의 성공을 얻는 정도가 적합하다.

단, 실패하지 않도록 주변에서 지나치게 신경 쓰면 시행착오의 기회를 갖지 못한 채 어른이 되어버린다. 실패하지 않고 어른이 된 여성은 정말 사소한 일 때문에 자멸하게 된다. 여자아이만의 민감한 성격에는 충분히 주의하면서 일찍부터 시행착오를 경험시켜 실패를 직시하도록 도와주어야 한다.

필요 이상으로 다른 아이와
경쟁시키지 않는다

　주위에 신경을 쓰는 여자아이는 항상 모든 부분에서 경쟁한다. 자신의 필통과 친구의 필통 중 어느 것이 더 예쁜지조차 신경 쓰여 어쩔 줄 몰라한다. 단, 이런 심정을 겉으로 드러내는 행동은 꼴불견이라고 생각한다. 따라서 여자아이들끼리는 서로 성적을 보여주지도 않고 공부를 많이 했지만 하나도 못 했다며 엄살을 부린다.

　물론 "○○에게 지고 싶지 않다."라고 말로 표현하지도 않는다. 이런 모습을 보고 특히 아빠는 "요즘은 여자아이도 더 지기 싫어하는 성격이 되어야 한다."라고 말한다. 하지만 여자아이는 이미 충분히 경쟁하고 있고 경쟁에 지친 상태다. 근거 없이 느긋한 남자아이는 "○○에게는 지지 마라."라고 때때로 경쟁심을 자극하는 정도도 괜찮지만 여자아이에게는 남의 일을 의식하지 않도록 배려해주는 것이 바람직하다.

여자아이는 주변의 어른이 격려한다고
부추길 필요가 없다

　어리고 덜렁대는 남자아이는 시험일이 다가오면 주변 어른들이 조금씩 긴장감을 높여 집중시켜주어야 한다. 한편, 여자아이는 어른스러우므로 시험 일정을 일찍 의식하고 스스로 긴장감을 높이며 시험장으로 향한다. 오히려 너무 긴장해 압박과 두려움이 가득하므로 부모는 안심시켜줄 방법을 찾아야 한다.

　시험 결과에 대해서도 여자아이는 잘 알고 있다. 남자아이는 안 좋은 결과에는 관심을 안 두지만 여자아이는 잘못 본 시험에만 초점을 맞춘다. 그래서 자신이 못 푼 문제나 그 원인에 대해 충분히 이해하고 반성할 수 있으므로 부모가 결과에 대해 분석하거나 반성을 촉구하는 것을 그만두고 아무 말 없이 이야기를 들어주어야 한다.

딸에게 엄마 인생의
복수를 시키면 안 된다

중학교 입시에서 부모가 'OO중학교에 합격했으면 좋겠다', '더 높은 학교를 목표로 삼았으면 좋겠다'라는 기대감은 어쩔 수 없지만 이런 개인적인 희망사항을 자녀에게 지우면 안 된다. 딸들은 아직 어리다. 딸들은 마음이 여려 부모의 기대감을 감당하기 벅차지만 내색할 힘이 없으므로 부모는 한층 더 자신의 기대감을 강요하고 어느 날 부모와 자녀의 힘겨루기가 역전되었을 때 큰 반항으로 되돌아온다.

자녀에게 너무 큰 기대를 거는 사람은 아빠보다 엄마가 더 많은 것 같다. 특히 여자아이의 경우, 전업주부인 엄마는 자신의 인생을 보상받으려고 딸에게 기대를 건다. 여성의 삶의 방식은 다양하고 전업주부도 훌륭한 직업이다. 하지만 전과 달리 전업주부가 압도적이었던 상황이 역전되면서 일하는 여성이 늘어난 오늘날 "사실 나도 사회에서 더 활약하고 싶었다."라는 패배감이 있고 그 보상을 딸에게 요구하려는 심리가 있다.

또는 일하고는 있지만 남성중심 사회에서 힘겨워하며 "딸에게는 더 높은 목표를 세우게 하고 싶다."라고 기대하는 경우도 많이 볼 수 있다. 하지만 딸은 전업주부가 되고 싶다고 생각할지도 모른다. 무엇보다 딸의 인생은 딸 자신이 결정해야 한다. 여자아이는 성실하므로 부모의 기대감에 부응하기 위해 최선을 다하고 부응하지 못했을 때는 '내 잘못이다'라고 생각하며 위축된다. 또한 최근 많이 언급되는, 독이 되는 부모가 되지 않도록 여자아이를 자유롭게 놓아주길 바란다.

엄마는 자신의 실패를 포장하지 말고
있는 그대로 이야기하라

    부모 입장에서는 자녀가 실패할 것 같은 상황을 그냥 지나칠 수가 없다. 특히 여자아이의 엄마는 "안돼, 이렇게 해라", "엄마는 알 수 있어." 라며 결국 세심한 부분까지 지시하는 경향이 있다. 물론 여자아이에게 엄마는 롤 모델이므로 엄마의 적절한 충고는 당연하다. 단, 엄마의 충고 가 부모의 가치관을 강요하는 이야기가 되면 자녀는 그 부담감을 견디 지 못한다. 엄마 입장에서 딸이 '이렇게 안 했으면 좋겠다'라고 생각했다 면 그 일은 과거 자신이 실패했던 경험이기 때문이니 실패한 경험담을 아이에게 있는 그대로 이야기하자. 자신의 실패담을 이야기한 후 "그래 서 엄마는 ○○가 그렇게 하지 않았으면 좋겠어."라고 말한다면 여자아 이는 수긍한다. 여자아이는 어른스럽기 때문에 현실세계를 이해하고 있 다. 꾸미거나 미담으로 바꾸지 말고 진심으로 대해주면 된다.

몰래 훔쳐보기로
신뢰관계가 한순간에 무너진다

　여자아이는 부모와의 신뢰관계를 중시한다고 나는 앞에서 계속 말했다. 신뢰관계 구축은 매우 어렵지만 깨지는 것은 한순간이다. 여자아이들의 신뢰를 잃을 만한 행동을 한 번이라도 했다면 원래대로 돌아가기 어렵다. 가방 속이나 책상 서랍을 몰래 훔쳐보는 행동은 절대 금물이다. 내 딸인데 어떠냐며 대수롭지 않게 뒤져 보지만 여자아이는 '몰래 무슨 짓이지?'라며 불신감이 가득 찬다.

　또는 자신의 부정적인 면을 남에게 절대로 보여주기 싫어하는 연령대의 여자아이가 가장 신뢰하는 부모에게 자신의 치부를 들킨다면 당연히 심한 배신감을 느낀다. 몰래 무슨 짓하는 거냐며 추궁하거나 아예 입을 닫아버린다.

여자아이는 공감 못 하는
어른이 하는 말은 듣지 않는다

　　공감하는 마음을 중시하는 여자아이는 처음부터 공감하기 어려울 것 같은 어른이 하는 말은 듣지 않는다. 그런 마음에는 외모적인 요소도 포함된다. 우리와 같은 학원 관계자도 빈틈없이 관찰되고 있어 여드름이나 비듬이 보이는 불결한 남성 강사나 심한 노출에 지나치게 화려한 옷을 입은 여성 강사는 여자아이들이 싫어한다. 나도 항상 몸가짐을 조심하고 있다. 부모도 마찬가지다. 엄마, 아빠는 반드시 깔끔하고 멋진 인물이 되어야 한다. 자신은 열심히 공부 중인데 아빠가 무신경하게 술에 취해 귀가하거나 엄마가 푸념만 늘어놓는다면 여자아이는 견디지 못한다. 그렇다고 미남미녀일 필요는 없고 비싼 옷을 입을 필요도 없다. 단정한 몸가짐이 핵심이다. 부모는 어린 딸이 혼자 노력하는 모습을 잊지 말고 깔끔한 모습을 유지해야 한다.

진지한 말을 할 때는
허점을 보이지 않는다

　사건을 연속적으로 생각하는 경향이 있는 여자아이는 과거의 사건을 잘 기억하기 때문에 여간 잘 생각하고 말하지 않으면 전에 했던 말과 다르다며 이야기의 모순점을 바로 눈치챈다.

　특히 아빠가 주의해야 한다. 아빠라면 지금 단계에서 가장 좋다고 생각하는 것을 말하는 것이니 과거에 있었던 일로 하나하나 말꼬리 잡지 말라고 반박하고 싶겠지만 전에 들었던 말을 기억하고 그 말로 신뢰관계를 유지하고 있는 딸의 입장에서는 말도 안 되는 이야기다. 오히려 화를 낸다면 어불성설이다. 여자아이와 중요한 이야기를 나눌 때는 현재까지의 경위를 분명히 기억하고 허점을 보이지 않도록 주의해야 한다.

엄마는 여자아이에게
푸념을 늘어놓으면 안 된다

여자아이는 엄마를 동경의 대상인 동시에 라이벌로 생각하기도 한다. 이런 생각이 나쁜 것만은 아니다. 처음에는 라이벌로 생각하지만 성장해가면서 친구에게서 경쟁요소를 찾게 된다. 단, 딸이 엄마를 라이벌로 생각하는 것은 좋지만 그 반대가 되면 안 된다. 엄마는 넓은 마음으로 딸을 대해야 한다. 부모는 어디까지나 부모라는 사실을 잊으면 안 된다.

최근 친구 같은 모녀 사이도 많다. 지켜보고 있으면 저절로 미소가 지어지지만 정말 친구 같은 수준으로 전락하면 안 된다. 친구처럼 생각한다며 푸념을 늘어놓기 때문이다. 남자아이는 엄마의 푸념을 한쪽 귀로 듣고 한쪽 귀로 흘려버리지만 여자아이는 심각하게 받아들인다. 엄마가 아빠를 흉보면 여자아이는 아빠를 공감의 대상으로 생각할 수 없다.

　자녀를 정말 소중히 여긴다면 절대로 푸념을 늘어놓으면 안 된다. 하지만 현명한 여자아이가 눈앞에 있으면 푸념을 그만두는 엄마가 있다. 그런 행동 때문에 여자아이가 정신적으로 불안해진다는 사실을 절대로 잊으면 안 된다.

아빠는 여자아이의 공부 이외의 부분에
관심을 보여주어야 한다

4학년 여자아이가 있었다. 여자답지 않게 거친 언행을 자주 했다. 다른 학원이라면 그냥 넘어갔겠지만 우리 학원에서는 그럴 수 없었다. 나는 주의를 주었다. 그러자 그 아이는 의외로 순순히 귀를 기울이고 오히려 주의를 받았다는 사실에 기뻐하는 것 같았다. 분명히 어른 대접을 받았다고 느꼈을 것이다.

오늘날은 젠더 프리 유행사회이고 나도 그것을 부정할 생각은 추호도 없지만 여자아이가 여성스러운 것은 멋지다고 생각한다. 내 경험상 실제로 명문 여자중학교에 합격하는 우등생은 귀여운 문방구를 좋아하는 여자아이다움을 계속 유지하고 있다. 그래서 나는 여자아이다운 부분을 부정하지 말고 발전시키길 바란다.

특히 아빠는 여자아이에 대해 잘 모른다는 핑계로 엄마에게 맡겨

놓고 도망치는데 그러지 말고 여자아이와 제대로 마주 보길 바란다. 그렇지 않으면 여자아이는 "아빠는 내 점수 평균치에만 관심 있어."라며 실망한다. 여자아이의 학습 능력을 높이고 싶다면 아빠는 공부 이외의 부분에 더 많은 관심을 보여야 한다. 지금까지 여러 번 설명했지만 여자아이는 성실하므로 자발적으로 공부한다. 이런 여자아이들에게 필요한 것은 좋은 가정환경이다. 아빠도 내 편, 엄마도 내 편이라고 여자아이가 믿을 수 있는 환경 말이다.

부모에게는 각자의 역할이 있는데도 아빠의 역할을 도외시하고 "잘 모르니까 엄마가 알아서 하세요."라며 도망친다고 해결될 문제가 아니다. 아빠가 여자아이를 마주 대하는 것은 어려운 일이지만 아빠로서 자신감을 가질 절호의 기회다.

비즈니스 현장과 스포츠에서도 여성의 활약이 두드러지는 시대다. 대학 입시나 취업 시험을 봐도 대부분 여자아이는 남자아이보다 우수한 성적으로 합격한다. 앞으로 교육기관이든 기업이든 여성을 성장시키지 못하는 조직은 존속할 수 없다. 그중 여자아이의 가능성을 최대한 끌어내는 것이 우리 어른들의 중대한 책무다. 여자아이들에게는 부모의 상상 이상으로 뛰어난 능력이 있기 때문이다.

하지만 딸을 어떻게 대해야 할지 모르겠다고 하소연하는 아빠들도 많고 딸을 자신의 분신으로 여겨 기대하고 지배하는 엄마들도 있어 여자아이로 살아가는 길이 여간 힘들지 않다. 여자아이가 부모보다 훨씬 어른스럽다고 나는 종종 느낀다. 정말 여자아이는 참을성이 강하고 우수하다. 이번에 내가 성별 차이에 주목해 이 책을 쓴 것은 여자아이만의 특성을 이해하고 그 능력을 최대한 끌어내면 아무리 어려운 난관도 극복할 수 있다고 믿기 때문이다.

　나는 오랫동안 VAMOS의 책임자로서 많은 아이들을 지켜봐왔고 여자아이는 역시 남자아이와 다르다고 느꼈다. 여자아이는 남자아이보다 성실하고 정의감이 투철한 반면, 아이다운 천진난만함이 없어 대하기 어려운 것이 사실이지만 간단히 취급되거나 남자아이와 같은 폭발성이 없다고 생각한다면 오산이다. 어른들의 자가당착이다.

　사실 여자아이는 매우 재미있는 존재다. 이 책에서 이야기했던 접근법이나 말 걸기 요령을 숙지해 부디 여러분의 딸들이 한계에서 벗어나게 해주길 바란다. 여자아이의 가능성을 더 믿어주고 바라볼 수 있는 세계를 넓혀주길 바란다. 참을성 강하고 우수한 여자아이가 난관을 극복할 수 있다면 부모의 기대를 훨씬 뛰어넘고 믿음직한 존재가 되어 줄 것이다.

아이들의 학업 성취와 꿈을 응원하며
토미나가 유스케

여자아이의 학습 능력을
길러주는 방법

초판 1쇄 발행 2019년 11월 13일
초판 2쇄 발행 2019년 11월 18일

지은이   토미나가 유스케
편집인   서진
펴낸곳   북스인이투스

마케팅   구본건 김정현
SNS   이민우
영업   이동진

디자인   강희연

주소   경기도 파주시 회동길 37-9, 1F
대표번호   031-927-9965
팩스   070-7589-0721
전자우편   pearlpub@naver.com
출판신고   제2007-000035호

ISBN   979-11-6442-480-1 04590
           979-11-6442-478-8 (세트)